FORSCHUNGSBERICHTE
DES WIRTSCHAFTS- UND VERKEHRSMINISTERIUMS
NORDRHEIN-WESTFALEN

Herausgegeben von Staatssekretär Prof. Dr. h. c. Leo Brandt

Nr. 434

Dipl.-Ing. Waldemar Rohs
Dr. Ingeborg Geurten

Techn.-Wissenschaftl. Büro für die Bastfaserindustrie Bielefeld

Schlichten für Baumwollgarne

Als Manuskript gedruckt

SPRINGER FACHMEDIEN WIESBADEN GMBH
1957

ISBN 978-3-663-04119-1   ISBN 978-3-663-05565-5 (eBook)
DOI 10.1007/978-3-663-05565-5

Forschungsberichte des Wirtschafts- und Verkehrsministeriums Nordrhein-Westfalen

G l i e d e r u n g

I. Einleitung . . . . S. 5
II. Aufgabenstellung . . . . S. 9
III. Versuchsplanung und -durchführung
    1. Garne . . . . S. 10
    2. Schlichtemittel . . . . S. 10
    3. Schlichtebedingungen . . . . S. 16
    4. Schlichtanlage . . . . S. 16
    5. Auswertung der Versuchsergebnisse
        a) Garne . . . . S. 21
        b) Schlichteflotte . . . . S. 23

IV. Versuchsergebnisse . . . . S. 26
    1. Der Einfluß der Schlichten auf die Festigkeit
       und Dehnung von Baumwollgarnen.
       Viskosität und Eindringevermögen der
       Schlichten . . . . S. 26
    2. Zusammenfassung der Prüfergebnisse . . . . S. 91

V. Zusammenfassung . . . . S. 96

Forschungsberichte des Wirtschafts- und Verkehrsministeriums Nordrhein-Westfalen

I. Einleitung

Das Techn.-Wissenschaftl. Büro für die Bastfaserindustrie hat eingehende Untersuchungen über das Schlichten von Leinengarnen unter Verwendung verschiedener althergebrachter und neuzeitlicher Schlichtemittel durchgeführt und die Ergebnisse dieser Arbeit inzwischen bekanntgegeben. Den aus Kreisen der interessierten Industrie vorgebrachten Anregungen folgend, sind nunmehr diese Untersuchungen durch das TWB-Bastfaser auch auf das Schlichten von Baumwollgarnen ausgedehnt worden, zumal geschlichtete Baumwollgarne auch die Ketten für Halbleinengewebe bilden, die an der Produktion der Leinenwebereien einen bedeutenden Anteil haben. Über Ziel, Wesen, Durchführung und Ergebnisse der neuen Untersuchungen wird in dieser Ausarbeitung berichtet.

Aus der Fülle der für Baumwollgarne in Frage kommenden Schlichtemittel treten - gegenüber den klassischen Kartoffelstärkerezepten - die modernen Produkte von Jahr zu Jahr mehr in den Vordergrund. Diese Tendenz ist hier, wo die an die Schlichten gestellten Ansprüche vielfach universeller sind, noch deutlicher als in der Leinengarnschlichterei. Den mit reinen nativen Stärken angesetzten Flotten haftet vor allem der Nachteil einer fehlenden chemischen sowie physikalischen Stabilität im Verlauf des Schlichtens an. Dieser führt häufig zu uneinheitlichen Schlichteffekten, deren Auswirkung man besonders bei feinen Garnen zu vermeiden wünscht.

Zudem scheint die Frage des ausreichenden Eindringevermögens bei der Baumwolle von größerer Bedeutung zu sein als beim Leinen. Die kürzeren Fasern brauchen eine bessere Verklebung im Garn. Nach früheren Untersuchungen neigt aber gerade die Kartoffelstärke zur Randschlichtung, d.h. sie umhüllt den Faden lediglich mit einem mehr oder weniger starken Film. Wird ein so geschlichtetes Garn getrocknet, so besteht die Gefahr, daß nach der Ausbildung und Austrocknung der Schlichtehaut dem Verdunsten des im Garninnern zurückgehaltenen Wassers ein erheblicher Widerstand entgegenwirkt, die Garnoberfläche also übertrocknet und spröde wird, während das Garninnere noch feucht bleibt. Diesem Umstand ist besonders bei hohen Trocknungstemperaturen und kurzen Trocknungszeiten, wie sie bei neuzeitlichen Verfahren unter Umständen gegeben sind, Beachtung zu schenken. Von einer wirkungsvollen Schlichte ist ein gewisses Eindringevermögen zu verlangen, wenn der erwartete Effekt nicht durch die Scheuerbeanspruchung am Webstuhl vernichtet werden soll. Ein weiteres Argument hierfür ergibt sich aus dem

Umstand, daß die ungebleichte Baumwollfaser mit einem Häutchen von wachsartiger Beschaffenheit, der "Kutikula", überzogen ist, das die Adhäsionskräfte, die zwischen Zellulose und Stärkeflotten in starkem Maße bestehen, nicht in Erscheinung treten läßt. Dies bedeutet aber, daß bei einer rein oberflächlichen Schlichtung, also einer bloßen Auflage der Schlichtsubstanz, eine weniger gute Haftung auf dem Faden gewährleistet sein dürfte als bei Produkten mit besserem Eindringevermögen. Diese bringen zudem von Haus aus Eigenschaften mit, die einer besseren Haftung und Verteilung auf der Faser Vorschub leisten, so daß sich auch die natürliche Kohäsion (Anziehung der Schlichtepartikelchen unteinander) stärker auswirken kann.

Von diesen Überlegungen ausgehend wäre den reinen Kartoffelstärkerezepten in der vorliegenden Untersuchung weniger Beachtung zu schenken als dies in der abgeschlossenen Studie über die Leinengarne geschehen ist. In der Praxis der Baumwollschlichterei hat sich der Übergang von den "alten" Rezepten zu neueren, modernen Mitteln ja auch rascher vollzogen als in der konservativeren Leinenschlichterei.

Die Entwicklung der Schlichtemittel geht also mehr und mehr von den nativen Stärkeprodukten, die in der Praxis meist zusammen mit glättenden und geschmeidig machenden Mitteln benutzt wurden, ab und erstrebt Schlichten, die einfacher anzuwenden sind, keinen in der Praxis kaum kontrollierbaren Aufschluß benötigen, deren Zähigkeit gleichmäßig und stabil ist und die durch gute Filmbildung und befriedigendes Eindringevermögen die physikalischen Eigenschaften des Fadens für den Webprozeß verbessern. Die früher häufig zugesetzten Talge versucht man durch neuzeitliche Schlichtefette zu ersetzen. Derartige Mittel sind emulgierbar, sie verteilen sich in Form von sehr feinen Tröpfchen in der Schlichteflotte und ermöglichen so eine homogenere Schlichte als sie sich mit einfachen Fettkörpern erzielen ließ. Die emulgierbaren ("wasserlöslichen") Fette dringen gleichmäßig in den Faden ein, wodurch seine Geschmeidigkeit wesentlich verbessert werden kann.

Kartoffelstärke muß vor ihrem Einsatz als Schlichtemittel aufgeschlossen werden, was vielfach durch Kochen unter Druck erfolgt. Jedes native Stärkekorn besteht nämlich aus einer Vielzahl von Stärkemolekülen, deren Zusammenhalt bei dem Aufschluß durch die zugeführte Energie gelockert wird. Die Quellung der einzelnen kleiner gewordenen Molekülassoziationen kann nun gleichmäßig vor sich gehen, und es bleiben keine ungenügend gequollenen Partikel und Rückstände in der angesetzten Flotte zurück. Neben den sich hieraus ergebenden schlichtetechnischen Vorteilen steigt die Flottenergiebigkeit, weil die Stärke durch den Aufschluß besser ausgenutzt wird. Der Aufschluß nativer Stärken läßt sich nicht nur durch Druck, sondern auch durch Chemikalien bewerkstelligen, die das Stärkekorn mit dem gleichen Endeffekt abbauen. Beide Verfahren erfordern eine strenge Überwachung, weil ihre unsachgemäße Durchführung zu einem chemischen Abbau des Stärkemoleküls selbst führen kann, indem es durch die einwirkenden Chemikalien bzw. durch den bei hohen Temperaturen (über $100°$) aggressiven Heißdampf oder durch länger einwirkende Kochtemperaturen gespalten wird. Die so entstehenden Abbauprodukte ergeben nur dünnflüssige Flotten und nähern sich in ihrer chemischen Zusammensetzung bereits den Dextrinen und Zuckern. Ihre Klebkraft und Filmbildung sinkt, und damit wird gleichzeitig ihre Fähigkeit, einen guten Schlichteffekt hervorzurufen, bis zur völligen Unwirksamkeit vermindert.

Um diese Gefahr, die bei jedem Aufschluß besteht, abzuwenden und zudem das Ansetzen der Schlichteflotten zu vereinfachen, ohne ihre Wirksamkeit herabzusetzen, wenn möglich sogar noch zu verbessern, wurden die <u>modifizierten Stärken</u> entwickelt. Diese Produkte bestehen aus Stärkekörnern, die in ihrer Struktur bereits weitgehend gelockert sind, ohne daß dies äußerlich oder auch im mikroskopischen Bild in Erscheinung tritt. Der Hersteller hat diese Auflockerung des nativen Kornes bereits auf chemischem oder physikalischem Wege vorgenommen. Modifizierte Stärken erfordern also einen Aufschluß in der Schlichterei nicht mehr, sie werden nach dem Anteigen in Wasser eingerührt, kurz aufgekocht und sind nach dem Abkühlen auf die gewünschte Schlichtetemperatur mit oder ohne Zusätze sofort verwendbar. Der chemische Abbaugrad solcher modifizierter Stärken ist sehr gering und - was ebenfalls wichtig ist - sehr einheitlich. Dadurch ist ihre Viskosität bei bestimmten Temperaturen und Konzentrationen überraschend konstant.

Weiterhin sind seit einiger Zeit sogenannte <u>CMC-Schlichtemittel</u>[1] im Handel, die nicht auf Stärke- sondern auf Zellulosebasis aufgebaut sind. Auch diese Produkte können ohne Vorbereitung eingesetzt werden und zeichnen sich durch gute Stabilität der Viskositätseigenschaften aus. Sie besitzen ein <u>gutes Eindringe- und Filmbildungsvermögen</u>. Beachtenswert ist

(Fußnote 1. s.S. 8)

ihre leichte Auswaschbarkeit. Sie liegen in verschiedenen Reinheitsgraden vor, die je nach Art und Feinheit des Garnes gewählt werden können.

Sowohl die modifizierten Stärken als auch die CMC-Schlichten lassen sich allein oder - aus preislichen Erwägungen - in Verbindung mit nativen Stärken verwenden, wodurch deren Eigenschaften vielfach in einem unerwarteten Ausmaß abgeändert und verbessert werden.

Auch für Baumwollgarne gibt es sogenannte Eiweißschlichten, die gelatine- oder leimähnliche Komponenten enthalten. Diese Schlichten zeichnen sich - wie übrigens in einem gewissen Maße auch die CMC-Schlichten - durch ein gutes Tragevermögen aus, welches dazu beiträgt, daß verschiedenartige Schlichtekomponenten rasch und homogen in der Flotte verteilt werden. Die Eiweißschlichten haben verhältnismäßig gute und gleichmäßige Viskositätseigenschaften und können einwandfreie Schlichteffekte erzielen. Auch sie lassen sich mit nativen sowie modifizierten Stärken oder auch zusammen mit emulgierbaren Fetten verwenden.

Eine gewisse Rolle spielen noch die Schlichten mit "vegetabilischem Gummi", der Johannesbrotkernmehl zur Grundlage hat und eine große Verdickungskraft besitzt; deshalb werden derartige Produkte heute hauptsächlich als Zusatz für die Herstellung von Druckpasten und Appretiermitteln benutzt. Sie sollen sich bei schwierig zu verarbeitenden Garnen aber auch in der Schlichterei bewährt haben.

Die letzte Entwicklungsstufe nehmen heute - speziell entwickelt für die Schlichtung von Chemiefasern - Kunstharzpräparate ein, die infolge ihres hohen Eindringe- und Haftvermögens sowie ihrer Elastizität gute Eigenschaften der geschlichteten Kettgarne erwarten lassen. Wie sich in der Praxis zeigte, haben diese Schlichten ihr Einsatzgebiet über den zunächst vorgesehenen Bereich heraus erweitern können und sollen mit Erfolg auch beim Schlichten von nativen Zellulosefasern (Leinen- und Baumwollgarn) angewendet worden sein. Wenn sie sich hier auch nicht leicht durchsetzen werden (Preis!), so steht doch außer Frage, daß sie sich im Einzelfall und bei feineren Garnnummern bewähren können.

Arbeiten und Studien über Schlichtprobleme bei Baumwollgarnen und über die Wirkung einzelner Schlichteprodukte werden zwar in der Fachprsse ständig

---

1. CMC = Carboxyl-Methyl-Cellulose

veröffentlicht, doch ist unseres Wissens bisher kein umfassender Versuch unternommen worden, die Vertreter der verschiedenen aktuellen Schlichtemittelgruppen- wenn auch nur labormäßig - an verschiedenen Baumwollgarnen vergleichend in Bezug auf das geschlichtete Garn sowie das Verhalten der Schlichteflotten zu erproben.

II. Aufgabenstellung

Das Ziel unserer Arbeit, deren Ergebnisse der vorliegende Bericht enthält, sollte deshalb sein, einzelne Typen der im Handel befindlichen Mittel in ihrem Einsatz in der Schlichterei miteinander zu vergleichen. Dabei war der bei rohen und gebleichten Baumwollgarnen verschiedener Nummer erreichbare Schlichteffekt in Bezug auf die Veränderung der technologischen Eigenschaften der geschlichteten Kettgarne bevorzugt zu berücksichtigen. In diesem Zusammenhang sollten auch Verhalten der Schlichteflotten hinsichtlich ihres Eindringevermögens an Hand von mikroskopischen Querschnittbildern der Garne erfaßt und die Flotten selbst auf ihre Zähigkeit, physikalische Stabilität bzw. Empfindlichkeit gegenüber mechanischer Einwirkung untersucht werden. Der Einfluß der Temperatur war in die Untersuchungen einzubeziehen.

Weil die Beurteilung des Schlichteffektes durch bloße Reißprüfung der Garne der Beanspruchung in der Praxis nicht genügend nahekommt, mußten wir zusätzlich für eine Prüfmethode Sorge tragen, die dem Vorgang der Fadenscheuerung auf dem Webstuhl entspricht.

Eine Durchführung der Versuche auf Praxisebene war aus Gründen des Aufwandes nicht für die Gesamtheit der Untersuchungen in Betracht zu ziehen. Deshalb mußte ein Weg gesucht werden, das Schlichten der Garne im Laboratorium, jedoch in enger Anlehnung an den praktischen Vorgang, durchzuführen. Dies konnte nur durch Konstruktion einer Schlichtanlage erfolgen, die ins Kleine übersetzt den Arbeitsbedingungen und der Regulierbarkeit einer Schlichtmaschine in der Praxis nahekommt.

Es war keineswegs zu erwarten oder gar beabsichtigt, bei Abschluß der Untersuchungen ein optimales Rezept für das Schlichten von Baumwollgarnen vorzulegen. Dazu sind Anforderungen und Betriebserfordernisse in der Praxis zu vielgestaltig. Vielmehr war die Aufgabe - wie bereits anfangs erwähnt -

Eigenheiten und Auswirkung einzelner typischer Schlichtemittel auf rohe und gebleichte Baumwollgarne gegebenenfalls bei unterschiedlichen Temperaturen im Vergleich miteinander zu erfassen. Es ist darüber hinaus beabsichtigt, für eine Auswahl der geprüften Schlichtemittel eine Bestätigung der hier erhaltenen Ergebnisse in Praxisversuchen zu erhalten.

III. Versuchsplanung und -durchführung

1. Garne

Die Versuche wurden an drei Rohbaumwollgarnen und einem gebleichten Baumwollgarn durchgeführt:

Rohgarne: Nm 28, 50, 100.
Gebleichtes Garn: Nm 28

Die Garne wurden in Kreuzspulaufmachung bezogen.

2. Schlichtemittel

a) Native Stärke

An nativer Stärke benutzten wir Kartoffelstärke (A), deren Wassergehalt 16,8% betrug, mit dem chemischen Aufschlußmittel B [2], das einen einheitlichen Abbaugrad der mit ihm angesetzten Flotten bewirkte. Wir orientierten uns jeweils über den Abbaugrad, indem wir eine Probe mit Jodjodkalium versetzten und kolorimetrisch überprüften.

Bei Mischrezepten erübrigte sich ein Aufschluß, da stets eines der zugesetzten Mittel bereits selbst ein "Aufschließer" war.

b) Fette und Netzmittel

Schlichteöl (T)

Türkischrotöl.

Schlichtefett (R)

"Spezial-Textilfett, das aus einer Kombination hochwertiger Öle und Fette unter Zusatz geeigneter Wachse besteht, die nach einem besonderen Verfahren wasserlöslich gemacht worden sind. Hohe Ergiebigkeit, nahezu neutraler

---

2. Fa. W. Lange, vorm. A. Weller

Charakter (pH-Wert ca. 8)" [3]. Wir benutzten die hochkonzentrierte Einstellung dieses Mittels (H. HERTH).

Schlichtefett (D)

"Ein emulgierbares wasserlösliches Produkt auf der Basis von Rindertalg, frei von Sulfonaten" (Diamalt AG.).

Schlichtefett (F)

benutzten wir nur in Verbindung mit dem Stärkederivat (K) in Kombination mit nativer Stärke (A). Es wird der kochenden Flotte zugegeben, reagiert alkalisch und enthält Reduktionsmittel, durch welche die native Stärke bis zur violetten Reaktion einer zugefügten Jodjodkaliumlösung abgebaut wird (Chem. Fabrik Radeck).

Fettprodukt (Te)

"Verseifbares Fett auf Talgbasis. Es verträgt sich mit den bekannten Stärkearten sowie den zellulosehaltigen Schlichte- und Appreturmitteln. Helle, weiche Paste mit neutraler Einstellung, in Wasser leicht löslich zu haltbaren, härtebeständigen und feinstverteilten Emulsionen" (Chemische Fabrik Pfersee).

Fettprodukt (H)

"Hochkonzentriertes Produkt auf Talgbasis, mit Wasser zu feindispersen und beständigen Emulsionen zu verdünnen, geruchfrei, keine Nachgilbung, leichte Auswaschbarkeit, befriedigende Kalkbeständigkeit (bis ca. $15°$ dH)" (Röhm & Haas).

Netzmittel (U)

"Spezieller Alkylpolyglykoläther mit besonderen Zusätzen in Form einer gelblichen, fast klaren durchscheinenden Paste. Es handelt sich um einen neuen Schnellnetzer, der in kalten und heißen Anwendungsbädern eine außergewöhnliche Netzfähigkeit entwickelt. Seine wässrigen Lösungen reagieren neutral, sein Schaumvermögen ist gering Er verträgt Hartwasser, Säuren und Alkalien mittlerer Konzentration sowie Zusätze von anion- oder kationaktiven Produkten, ohne seine Wirksamkeit zu verlieren" (Böhme Fettchemie).

---

3. Die Textstellen, die wir in Anführungszeichen wiedergeben, sind von den Herstellerfirmen formuliert, bzw. sind Auszüge aus diesen Formulierungen

Netzmittel (OL)

"Dunkle, leicht-viskose Flüssigkeit mit charakteristischem Geruch, in kaltem und heißem Wasser gut löslich. Beständig bei allen normalen Arbeitsgängen gegen die Härtebildner des Wassers sowie gegen Säuren, Alkalien und Chlorbleichlaugen" (Chemische Fabrik Pfersee).

c) Modifizierte Stärkeprodukte

2 Stärkederivate (L u. M)

Derivat L muß ohne, M kann auch in Mischung mit nativen Stärken gebraucht werden. "Beide Produkte sind nach dem patentrechtlich geschützten Noreduxverfahren hergestellt worden. Bei diesem Verfahren erfolgt der Abbau durch eine thermische und teilweise hydrolytische Spaltung des Stärkemoleküls. Der Abbau ist hierbei wesentlich günstiger und vor allem gleichmäßiger als nach dem bisher üblichen oxydativen und enzymatischen Verfahren oder einem alkalischen oder sauren Abbau. Die Noreduxprodukte zeichnen sich deshalb durch bessere Löslichkeit und - damit verbunden - durch ein gutes Eindringevermögen in das Garnmaterial aus" (Böhme Fettchemie).

Stärkederivat (M')

"Stärkederivat, das nach patentrechtlich geschütztem Noredux-Verfahren hergestellt ist mit speziellen Zusätzen" (Böhme Fettchemie).

Stärkederviat (N)

"Dieses Produkt wird aus Kartoffelstärke durch einen chemischen Aufschluß nach einem patentrechtlich geschützten Verfahren hergestellt. Es ist ein weißes, grießartiges Pulver, das, ohne Klumpen zu bilden, nach dem Kochen eine kolloidale Lösung mit weitgehend konstanter Viskosität ergibt. Die Schlichteflotte bleibt auch bei höheren Konzentrationen dünnflüssig. Sie bildet außerdem einen glatten, geschmeidigen und nicht opalisierenden Film an der Fadenoberfläche" (Emsland Stärke).

Stärkederviat (N')

"Das Produkt hat - abgesehen von einer geringeren Viskosität - gleiche Zusammensetzung und Eigenschaften wie das obenstehend angeführte Stärkederivat (N)" (Emsland Stärke).

Stärkederivat (G')

"Produkt auf Stärkebasis, das nach einem Spezialverfahren hergestellt ist, mit einer Viskosität, die wesentlich geringer als diejenige von Kartoffelstärke ist. Es ergibt Schlichteflotten mit gleichbleibenden Eigenschaften, gutem Eindringevermögen, guter Oberflächenglätte und weichem Schlichteffekt. Das Produkt kann sowohl für sich allein, als auch zusammen mit Kartoffelstärke angewendet werden" (Diamalt AG.).

Stärkederivat (K)

"Nach einem Spezialverfahren hergestellt, beeinflußt dieses Produkt beigemischte natürliche Stärken günstig im Sinne der Herabsetzung ihrer hohen Viskosität. Es besitzt gute Bindekraft und dringt in den Faden ein, ohne ihn zu verkleben" (Chem. Fabrik Radeck).

Stärkederivat (Y)

"Eine in der Struktur veränderte Stärke, die trotz der chemischen Veränderung noch ihre volle Klebkraft besitzt. Zusammen mit Kartoffelstärke beeinflußt sie vorteilhaft die Schlichteflottenviskosität. Gutes Eindringevermögen sowie hohe Elastisität des Schlichtefilms an der Fadenoberfläche" (Röhm & Haas).

Stärkederivat (J)

"Lösliches Stärkeprodukt, liefert dickflüssige, langzügige und klare Flotten von besonderer Ergiebigkeit, gutem Eindringevermögen und hoher Klebkraft. Es kann zusammen mit nativen Stärkearten verwendet werden. Eignet sich, auch in Verbindung mit Kartoffelstärke, Verhältnis 1:3 bis 1:5, hauptsächlich zum Schlichten von Baumwollketten" (Chemische Fabrik Pfersee).

Stärkederivat (V)

Mittelviskoser Stärkeäther (Sichel-Werke AG.).

Schlichteprodukt (Q)

"Wird aus Johannisbrotkornmehl durch mechanische Behandlung hergestellt. Es besitzt größtmögliche Löslichkeit in Wasser und hohe Ausgiebigkeit" (Diamalt AG.).

d) Zellulosederivate

Produkt (P)

"Celluloseäther (Carboxymethylcellulose), salzhaltig, neutral, mittlere Viskosität. Es besitzt wie alle Celluloseäther folgende Grundeigenschaften: Verdickungswirkung, Binde- und Klebkraft, Dispergier- und Emulgiervermögen, Suspendier- und Stabilisierwirkung, Filmbildung. Klebt die abstehenden Fasern an, ergibt guten Fadenschluß und einen weichen und geschmeidigen Griff, einfache Arbeitsweise, mit Wasser auswaschbar" (Kalle & Co.).

Produkt (P')

"Spezialprodukt auf Zellulosegrundlage für die Baumwollschlichte, das zur gemeinsamen Verarbeitung mit Kartoffelmehl bestimmt ist. Man kann sogar ohne jede weitere Komponente (Fett- und Weichmacher) einwandfreie Baumwollschlichten mit ihm herstellen, wenn man es in genügender Menge anwendet. Die so geschlichteten Ketten sind fest, glatt und werden nicht hart oder spröde" (Kalle & Co.).

Produkt (O)

"Wasserlösliches Zellulosederivat. Einfach in der Anwendung, als Zusatzmittel zu Stärkeschlichten setzt es deren Sprödigkeit herab und macht die Ketten elastischer. Seine Lösungen sind gut haltbar, gären und schimmeln nicht. Das Entschlichten kann durch Auswaschen mit lauwarmen Wasser erfolgen. Außerdem kann die Ware aber auch ohne eine vorangegangene Entschlichtung gefärbt werden, wobei der Färbevorgang in keiner Weise beeinträchtigt wird" (Böhme Fettchemie)

Produkt (W)

Zelluloseäther, mittelviskos (Sichel-Werke AG.).

e) Eiweißschlichten

Produkt (I)

"Aus eiweißhaltigen, tierischen Substanzen hergestellt. Gelbliches feinkörniges Produkt, das durch Einstreuen in heißes Wasser unter Rühren leicht löslich ist. Es verfügt über beachtliche Klebkraft und gibt eine dünnflüssige Schlichte, die in den Faden eindringt. Es ist mit Kartoffelstärke mischbar, wobei es die mechanischen Eigenschaften des Stärkefilms auf die geschlichtete Kette erhöht und dessen Elastizität weitgehend erhält." Dazu wird ein <u>Fettkörper (E)</u>, anstelle des sonst üblichen Schlichtefettes verwendet, der "neben dem Fettgehalt durch weitere Faktoren in seiner Zusammensetzung die Eigenschaft besitzt, die Klebkraft der Stärkemittel zu unterstützen" (Chemische Fabrik Grünau).

Produkt (S)

"Neuartiges Schlichtehilfsmittel in zähflüssiger Form auf der Basis organischer Kristalloide und modifizierter Glutine. Baut Stärke nicht ab, sondern bewirkt durch Anlagerung der organischen Kristalloide an die einzelnen Stärkemoleküle deren Hydratisierung. Die modifizierten Glutine steigern die Klebkraft einer Schlichte und die Elastizität und Festigkeit des Schlichtefilms auf dem Garn" (H. HERTH).

Produkt (Z)

"Schlichteprodukt auf Eiweißbasis. An sich für Chemiefasern auf Zellulosebasis entwickelt, doch auch für Mischgarn (Zellwolle/Baumwolle) sowie für reine Baumwollgarne höherer Nummer geeignet. Schwach gelb gefärbtes Pulver von leichter Löslichkeit, guter Kalkbeständigkeit sowie Haltbarkeit, hohes Netz- und Eindringevermögen" (Röhm & Haas).

f) Kunstharzschlichten

Produkt (X)

"Vollsynthetischer Kunststoff. Produkt aus der Reihe der Polyacrylsäure-Verbindungen. Die hochviskose, durchsichtige und gelblich gefärbte Substanz löst sich klar und farblos in Wasser und verliert dabei nur sehr wenig an Viskosität, auch nicht bei längerem Stehen, pH-Wert einer 5%igen Flotte = ca. 8. Unempfindlich gegen hartes Wasser, gute Verträglichkeit mit anderen Schlichtesubstanzen, ergibt weichen hochelastischen Schlichtefilm auf dem Garn. Bakterienfest und geruchfrei. Zum Schlichten von Baumwollgarnen feinerer Nummern geeignet" (Röhm & Haas).

Produkt (C)

"Neuentwickelt aus der Reihe der wasserlöslichen Acrylharze, ähnlich Produkt (X). Liegt in Form einer 40%igen sirupartigen wässrigen Lösung von bräunlicher Farbe vor. Nach dem Verdünnen mit Wasser enstehen klare Lösungen, die sich sowohl zum Schlichten von Chemiefasern als auch nativen Zellulosefasern hoher Nummern eignen. Ein elastischer und durchsichtiger

Schlichtefilm auf dem Garn gewährt große Geschmeidigkeit und Glätte der Ketten bei weichem Griff und gutem Fadenschluß" (Röhm & Haas).

3. Schlichtebedingungen

Insgesamt wurden 30 verschiedene Schlichte- bzw. Schlichtehilfsmittel gemäß ihren Anwendungsvorschriften, über die wir uns auch unter Berücksichtigung der unterschiedlichen Garne mit den Herstellerfirmen im einzelnen abstimmten, in unsere Versuche einbezogen. Neben den Unterschieden, die sich so von vornherein in den Versuchsbedingungen ergaben, wurde - wie bereits erwähnt - der Einfluß verschiedener Temperaturen der Schlichteflotten bei gleichbleibenden Rezepten untersucht. Es sei darauf verzichtet, an dieser Stelle die vorgenommenen Variationen - auch die der Konzentration bei verschiedenen Garnnummern - aufzuzählen. Sie sind im Abschnitt IV. Versuchsergebnisse zusammengestellt.

4. Schlichtanlage

Wie bereits beschrieben, standen wir vor der Aufgabe, für die Durchführung der Versuche eine Laboranlage zu schaffen. Sie sollte uns erlauben, bei tragbarem Aufwand eine große Zahl von Schlichtungen durchzuführen sowie weitgehende Veränderungen der Arbeitsweise hinsichtlich Garngeschwindigkeit, Flotten- und Trocknungstemperaturen vorzunehmen, andererseits aber auch diese veränderlichen Faktoren von Fall zu Fall konstant zu halten. Diese Voraussetzungen sind an den Betriebsmaschinen zwar gegeben, doch lassen sie sich in dem für die Versuche erforderlichen Ausmaß praktisch nicht verwirklichen.

Die nach unseren Plänen (Text.-Ing. H. GRIESE) konstruierte, von der Maschinenfabrik Görickewerke Nippel & Co., Bielefeld, gebaute und in Abbildung 1 schematisch wiedergegebene Kleinschlichtanlage kann für sich in Anspruch nehmen, daß sie den oben genannten Forderungen entspricht und dabei den Vorgang des praktischen Schlichtens unverfälscht imitiert.

Die Arbeitsweise dieser Laborschlichtmaschine ist anhand der Abbildung wie folgt zu beschreiben:

Von einem hölzernen Abziehgatter G, das maximal 60 Spulen (Scheibendurchmesser 80 mm, Spulenbreite 140 mm) aufnehmen kann, wird das Garn durch zwei feststehende Webriete R 1 und R 2 über zwei verkupferte Leitwalzen L 1 und L 2 und eine ebenfalls verkupferte, dazwischen liegende Ausgleich-

Forschungsberichte des Wirtschafts- und Verkehrsministeriums Nordrhein-Westfalen

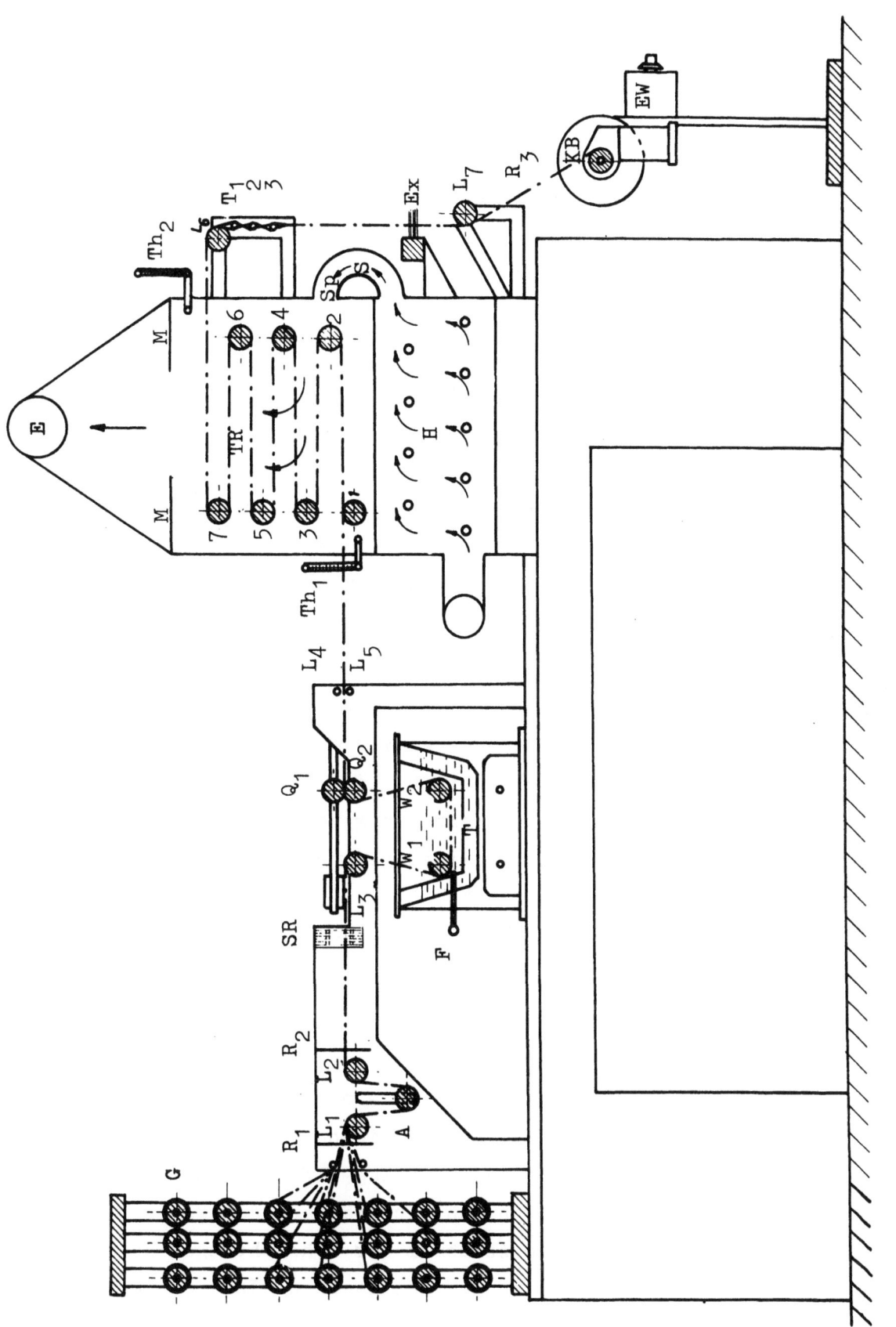

Abbildung 1
Versuchs - Schlichtmaschine

walze A durch das Schärried SR geführt. Der mit Hilfe dieses Rietes in seiner Breite und Dichte veränderliche Garnzug wird von hier aus zum Schlichtetrog T geleitet. Der Schlichtetrog wird mit Leuchtgas, das eine bessere Wärmeregulierung gestattet, als sie sich bei der zunächst vorgesehenen elektrischen Beheizung ermöglichen ließ, indirekt beheizt. Der Trog hat doppelte Wandungen, die aus Kupferblech bestehen. Zwischen den beiden Wandungen befindet sich als Heizflüssigkeit reines Glycerin, das eine Erhitzung der Schlichteflotte bis zur Kochtemperatur ohne weiteres erlaubt. Die jeweilige Temperatur der Schlichte, die durch Regelung der Gaszufuhr eingestellt wird, kann durch ein Fernthermometer F, dessen Anzeigegerät sich auf einer Überwachungstafel befindet und dessen Wärmefühler in die Schlichteflotte hineinragt, kontrolliert werden. Das Fassungsvermögen des Troges beträgt ca. 10 l, jedoch wurde der besseren Regulierungsfähigkeit halber nur eine Flottenmenge von 7 l gewählt, deren Spiegel etwa 2 cm über den verkupferten Tauchwalzen W_1 und W_2 stand. Diese und die ebenfalls verkupferte Leitwalze L_3 sowie das Abquetschwalzenpaar Q_1 und Q_2 dienen der Führung des Garns durch die Schlichte sowie der Entfernung der überschüssigen Flotte aus den Garnen.

Für den Quetschwalzenbezug waren zunächst Schlichtetücher, wie sie auch in der Praxis benutzt werden, vorgesehen, deren Verwendung aber für uns ein sehr umständliches Arbeiten mit sich gebracht hätte, weil wir infolge ständigen Änderns der Rezepte und der Verwendung verschiedener, teilweise nicht miteinander mischbarer Schlichtemittel gezwungen gewesen wären, die Tücher zwischen den Versuchen auszuwaschen bzw. zu erneuern. Deshalb kamen Metallwalzen mit Gummibelag zum Einsatz, wie sie sich seit einiger Zeit sowohl in der Schlichterei als auch in der Ausrüstung bewährt haben.

Bei einer Länge von 250 mm beträgt der Außendurchmesser der Quetschwalzen 60 mm, ihr Kerndurchmesser 52 mm. Der Gummibezug ist demnach 4 mm stark. Die beiden Walzen erhielten auf Anraten der Lieferfirma (Continental-Gummiwerke Hannover) Gummibezüge verschiedener Weichheit, nämlich Belag WTX 2 (Härte: 80 Shore = DVM-Weichheit 26) und Belag WTX 0 (Härte: 60 Shore = DVM-Weichheit 54). Die Walzen bewährten sich während der Versuche ausgezeichnet. Es ließen sich nach dem Abschluß der Schlichtungen keinerlei Einkerbungen oder Abnutzungserscheinungen feststellen. Ihre Säuberung war mit warmen Wasser rasch zu bewerkstelligen.

Die untere Quetschwalze wird über Keilriementrieb, Zahnraduntersetzungsgetriebe und Kette von einem Elektromotor (0,52 KW, 1.400 U/min) mit einer Normalgeschwindigkeit von 12 U/min angetrieben. Die obere Quetschwalze wird über ein Zahnradpaar zwangsläufig mitgenommen. Die Änderung der Arbeitsgeschwindigkeit erfolgt durch Auswechseln der Riemenscheiben am Motor.

Die obere Quetschwalze ist durch Gewichtshebel beiderseitig derart belastet, daß eine Walzenbelastung von insgesamt ca. 30 kg erreicht wird. Der sich daraus ergebende verhältnismäßig hohe Abquetschdruck war für eine der Praxis entsprechende Flottenaufnahme notwendig.

Zwischen Schlichtetrog T und Trockeneinrichtung TR befinden sich zwei Leitstäbe L_4 und L_5 aus Kupferrohr, die erforderlichenfalls als Naßteilungseinrichtung benutzt werden können. Das geschlichtete Garn gelangt in den Trockenschrank TR, in dem es über sieben mit Hartholz ausgestattete Skelettwalzen geleitet wird, die keinen eigenen Antrieb haben und auf Spitzen gelagert sind.

Der in Winkeleisenkonstruktion ausgeführte Trockenschrank hat Doppelwandungen mit isolierender Glaswoll-Zwischenschicht. Etwa 15 cm unterhalb der Bodenschicht ist die elektrische Heizeinrichtung H angebracht, die aus neun Heizstäben für je 750 W Aufnahme besteht und über welche die angesaugte Frischluft streicht. Die Stäbe können in Aggregaten von je drei Stück derart geschaltet werden, daß die Möglichkeit besteht, mit Heizleistungen von 2250, 4500 und 6750 W zu arbeiten. Die Warmluft strömt aus diesem Heizraum H, wird durch einen isolierten Luftschacht S derart umgelenkt, daß sie oberhalb der Skelettwalze 2 durch den Spalt Sp in den eigentlichen Trocknungsraum gelangt. Sie trifft also das Garn in bereits vorgewärmten Zustand. Dadurch wird eine Verkrustung der Schlichte an der Fadenoberfläche vermieden. Da die Richtungen des Luftstromes und der Garnbewegung beim Aufeinandertreffen gleich sind, wird eine Aufrauhung des Garns durch die einströmende Trocknungsluft vermieden.

Ein in die Absaugleitung E eingebauter Ventilator sorgt für die Abführung des Wasserdampfes bzw. für einen stetigen Warmluftstrom, der durch ein oberhalb der Skelettwalzen angebrachtes Metallblech M zweckentsprechend gelenkt wird, damit die Warmluft nicht auf dem Wege des geringsten Widerstandes entweichen kann.

Die angesaugte Kaltluft streicht zwecks Vorwärmung an dem Warmluftableitungsrohr vorbei (aus der Skizze nicht ersichtlich). Der Trockenschrank ist nach dem Einschalten der Heizstäbe innerhalb von 10 min einsatzbereit.

Der Kontrolle der Trocknungstemperatur dienen zwei Thermometer (Th_1 und Th_2), und zwar an der Eintrittsstelle der nassen und der Austrittsstelle der trockenen Garne.

Die Frontseite des Trockenschranks hat eine Tür mit eingelassenen Doppelglasscheiben, die den Schrank zugänglich macht. Das Fenster gestattet, nach Einschalten einer im Innenraum befindlichen Glühbirne, den Lauf des geschlichteten Materials zu überwachen. Weiter trägt die Frontseite auf einer gesonderten, gegen Wärme geschützten Platte Hauptschalter, Kontrolleuchte und Sicherungen, den Motorschutzschalter, die Schalter für die Heizstufen und das Anzeigeinstrument für das Fernthermometer des Schlichtetroges.

Die Stellen des Garnein- und des Garnaustritts sind mit Filzlaschen abgedichtet.

Nach dem Verlassen der Trockenkammer wird das Garn über eine Kupferrolle L_6, Teilstäbe T_1, T_2 und T_3 aus Glas, einen Expansionskamm Ex, eine Kupferleitrolle L_7 sowie Riet R_3 zu einem 5 cm breiten Kettbaum KB geführt und aufgewickelt. Dieser Kettbaum wird von einer Elektrowinde EW_1 mit Drehknopfregelung angetrieben, die es gestattet, die gewünschte Fadenspannung einzustellen und einzuhalten.

Die Schlichteversuche wurden an 20 Fäden mit einer Arbeitsgeschwindigkeit von 2,20 m/min (Drehzahl der angetriebenen Quetschwalzen: 12 U/min) vorgenommen.

Die Temperatur der Flotte wurde jeweils nach Gebrauchsanweisung für das zu erprobende Schlichtemittel eingehalten. Die Zeit des Durchgangs durch die Schlichteflotte betrug ca. 10 sec (bei ca. 36 cm Passierweg durch die Flotte). Die Trocknungstemperatur, die sich nach dem Ergebnis der Garnkonditionierung - Wassergehalt der geschlichteten Garne rd. 8% - richtete, lag in den Grenzen von $60°$ - $100°C$, abgelesen bei Thermometer Th_2. Die Trocknungszeit betrug 90 sec (Weglänge der Garne im Trockenschrank =3,30 m).

Der Abstand der Fäden beim Durchgang durch die Schlichteflotte und die Trockenkammer wurde absichtlich relativ groß gewählt (5 mm) und auch dafür gesorgt, daß er aufrechterhalten blieb. Zwar wichen wir damit von den praktischen Verhältnissen ab, doch ermöglichte uns dies ein sichereres Arbeiten, ohne das Ergebnis zu verfälschen.

5. Auswertung der Versuchsergebnisse

a) Garne

Die Festigkeitsprüfung der geschlichteten Garne wurde nach Auslage von mindestens 48 Std. im normal klimatisierten Raum (20°C, 65% rel. Luftfeuchtigkeit) vorgenommen. Die Reißungen erfolgten auf einem Prüfgerät der Bauart Hahn-Grüna, 0 - 3000 g, bei einer Einspannlänge von 20 cm, sonst unter Beachtung der DIN-Vorschrift 53 801. Das Versuchsgarn Nm 100 wurde unter den gleichen Bedingungen auf einem Prüfgerät, Bauart Koch, 0 - 250 g, gerissen.

Je Schlichteversuch wurden 40 Reißungen durchgeführt. Zum Vergleich wurde das nicht geschlichtete Garn der gleichen Spulen 40 Reißungen unterworfen.

Außerdem wurden geschlichtete und nichtgeschlichtete Fäden, wiederum jeweils der gleichen Spulen, auf einem im TWB-Bastfaser entwickelten Gerät gescheuert. Dieses Prüfgerät ist in einem Bericht "Untersuchungsarbeiten zur Verbesserung des Leinenwebstuhles III", Westdeutscher Verlag, Köln und Opladen, beschrieben und soll hier nur kurz gekennzeichnet werden.

"Das Gerät ahmt den Vorgang der Schaftbewegung und des Fachwechsels auf dem Webstuhl nach. Mittels eines Exzenters werden ähnlich wie bei der Außentrittvorrichtung in Verbindung mit Zugfedern paarweise zusammengefaßte Schäfte über Gegenzugrollen in seitlichen Führungen bewegt.

Die Prüffäden werden mit einem ihrer Enden auf einer Aufwickelwalze befestigt, in die Schäfte eingezogen, über eine Leitrolle geführt und an ihrem anderen Ende mit Anhanggewichten belastet. Ein Schaltgetriebe erteilt der Garnaufwickelwalze einen Vorschub. Ein eingebautes Zählwerk zeigt die Zahl der jeweils stattgefundenen Fachwechsel und damit der Garnscheuerungen bzw. -biegungen an.

Eine Führung der Fäden wird durch Einziehen in feststehende Riete erreicht, die derart beiderseits außen angeordnet sind, daß ihr Vorhandensein eine Auswirkung auf die Versuchsergebnisse nicht ausüben kann. Die für die Festigkeitsprüfung bestimmten Fadenstücke werden zwischen den beiden Rieten herausgeschnitten."

Die Scheuerung wurde in einem klimatisierten Raum durchgeführt, weil nach Angaben aus der Literatur die Ergebnisse weitgehend von der relativen Luftfeuchtigkeit abhängig sind. Mit ihrer Zunahme nimmt der Scheuerwiderstand ab. Die Fadenstruktur wird gelockert und bietet der mechanischen Dauerbeanspruchung eine bessere Angriffsmöglichkeit. Es ist zu beachten, daß in den Webereien meist mit hoher Luftfeuchtigkeit gearbeitet wird.

Die Behandlung auf dem Scheuerprüfer tritt bei unseren Versuchen an die Stelle der praktischen Beanspruchung auf dem Webstuhl, wenngleich sie - nicht ohne Absicht - die Garne stärker strapaziert. Die Belastung des Einzelfadens auf dem Scheuerprüfer betrug 5 g, bei 5000 Fachöffnungen erhält der Faden einen Vorschub von 3,32 cm, somit 1500 Biegungen je cm.

Je Versuch wurden 40 geschlichtete Fäden gescheuert. Sie wurden anschließend einer Reißprüfung unterworfen. Auch die ungeschlichteten Fäden wurden auf ihre Festigkeit vor und nach dem Scheuern untersucht.

Der Vergleich der Reißergebnisse ließ erkennen, inwieweit die Schlichtung die Festigkeits- und Dehnungseigenschaften der Garne und ihre Widerstandsfähigkeit gegenüber der Scheuerbeanspruchung beeinflußt hatte.

Es ist eine grundsätzlich Streifrage, ob Baumwollgarne völlig durchgeschlichtet werden sollen, oder ob bereits eine äußere Umhüllung des Fadens bzw. eine Zonenschlichtung ausreicht. Die modernen Schlichtemittel werden unter dem Gesichtspunkt eines guten Eindringevermögens, allerdings verbunden mit einer zufriedenstellenden Filmbildung entwickelt, und diese Eigenschaft wird auch für die Werbung benutzt. Um festzustellen, inwieweit die jeweilige Schlichte in den Faden eingedrungen war, wurden von den Garnen Querschnitte angefertigt, wobei wir mit gutem Erfolg das Schlittenmikrotom (Typ 31a) der Firma Sartorius, Göttingen, benutzten. Die Schnittdicke betrug 10 μ (1 μ = 1/1000 mm). Die Fäden wurden in die Vorkondensatlösung eines Gießharzes, der ein Härter beigegeben war, eingebettet. Nach dem Kondensieren des Harzes entstand ein fester Block, der in das Mikrotom zum Schneiden eingespannt werden konnte [4]. Nach Fertigstellung der Schnitte färbten wir die Präparate und konnten im mikroskopischen Bild ersehen, wie weit die Schlichte in den Faden eingedrungen war.

---

4. Verwendetes Gießharz VP 1579, Härter VP 1562, Firma Dynamit-AG.

Die Zone der Durchdringung ist bei den Garnen natürlich nie ganz regelmäßig. Das mikroskopische Bild zeigt nicht immer einen mit Schlichte erfüllten Kreisring in den äußeren Faserlagen des Garnes. Dieser Umstand verlangt - um eine Angabe über das Eindringevermögen einer Schlichte machen zu können - eine größere Anzahl von Querschnittspräparaten, für die summarische Beurteilung genügten uns nach Einarbeitung drei Querschnitte je Untersuchung.

b) Schlichteflotte

Unsere Untersuchungen umfaßten nicht nur die Veränderungen der Garneigenschaften sowie die Auswertung des mikroskopischen Querschnittsbildes, sondern sie betrafen auch die Viskositätsprüfung der verwendeten Schlichteflotten. Die Zähigkeit einer Flüssigkeit wird als Viskosität bezeichnet. Niedrige Viskosität bedeutet "dünnflüssig", wie z,B. Alkohol, Wasser u.a., hohe Viskosität "dickflüssig" wie z.B. Schmieröl, Stärkekleister etc. Instrumente zur Messung der Viskosität sind Viskosimeter, die in verschiedener Ausführung hergestellt werden, je nachdem, welche Substanzen damit gemessen werden sollen.

Die Viskositätsmessung an Schlichteflotten, insbesondere an Stärkeflotten wird erschwert durch den Umstand, daß es sich hier nicht um reinviskose Stoffe handelt. Bei "reinviskosen" Substanzen, z.B. Wasser, ist die Viskosität - allgemein mit dem Buchstaben η bezeichnet - bei gleichbleibender Temperatur eine Konstante. Bei reinviskosen Schlichten würde eine einmalige Messung bei der in Frage kommenden Temperatur genügen, um ein Bild von ihrer Zähigkeit zu erhalten. Es ist lediglich eine Abhängigkeit von der Temperatur vorhanden.

Bei "strukturviskosen" Substanzen - es gibt unter den hier in Frage kommenden Schlichtemitteln nur solche - ist die Zähigkeit, auch bei gleichbleibender Temperatur, keine Materialkonstante, sondern ändert sich mehr oder weniger in Abhängigkeit von auftretenden Schubspannungen. Die Schubspannung ist die auf die Flächeneinheit wirkende Kraft, mit der zwei Schichten einer zu prüfenden Substanz gegeneinander verschoben werden. Dabei entspricht die Viskosität einer Flüssigkeit dem Widerstand, den sie diesem Verschieben entgegensetzt.

Als Maßeinheit für die Viskosität gilt das "Poise" (P) oder sein hundertstel Teil, das "Centispoise" (cP). Es errechnet sich aus der Schubspannung ($\frac{dyn}{cm^2}$), multipliziert mit der Zeit ihrer Einwirkung. Es ist also: 1 Poise = $\frac{1 \text{ dyn} \times 1 \text{ s}}{1 \text{ cm}^2}$.

Wie bereits erwähnt, besteht bei den strukturviskosen Substanzen, die zum Ansatz der Schlichteflotten benutzt werden, eine Abhängigkeit der Viskosität von der einwirkenden Schubspannung. Je größer die Schubspannung, umso kleiner wird die Viskosität. Diese Funktion läßt sich am besten in Kurven erfassen. Allgemein streben mit zunehmender Schubspannung die cP-Werte einem Endwert zu, der als Charakteristikum für die betreffende Schlichte interessant ist. Dieses Verhalten von Schlichteflotten, besonders aber Stärkeflotten, ist dem Praktiker bekannt. Er weiß, daß die Zähflüssigkeit durch mechanische Beanspruchung, etwa durch Rühren, wesentlich herabgesetzt werden kann. Bei der Aufnahme von Viskositätskurven müssen die Messungen bis zu dem jeweiligen Maximum der Schubspannung rasch durchgeführt werden, um den cP-Endwert richtig zu erfassen. Viele Schlichten haben nämlich die Eigentümlichkeit, innerhalb einer Erholungszeit wieder zähflüssiger zu werden, ja, eventuell ein Viskositätsmaximum zu erreichen (Tixotropie).

Die Empfindlichkeit einer Schlichteflotte gegenüber einwirkenden mechanischen Kräften ist nachteilig, denn die Veränderung der Viskosität hat zweifellos auch eine Änderung des Schlichteffektes zur Folge. Deshalb ist die Viskositätskurve einer Schlichteflotte vom Maximal- bis zum Endwert von praktischem Interesse. Je flacher diese Kurve ist, umso stabiler gegenüber mechanischer Beanspruchung ist die Flotte und umso gleichmäßiger ihr Eindringevermögen in den Faden.

Es leuchtet ein, daß für ein gutes Eindringevermögen niedrigviskose Flotten hochviskosen vorzuziehen sind, ebenso, daß hierfür auch geringe Abhängigkeit von auftretenden Schubspannungen (geringe Strukturviskosität) von Vorteil ist. Tixotrope Flotten sind dabei natürlich besonders ungünstig. Jedoch auch dort, wo keine völlige Durchschlichtung erwünscht ist, ist ein Produkt, das zwar hochviskos aber von gleichbleibender Zähigkeit ist, vorteilhaft.

Als Prüfinstrument für die Viskositätsmessungen wurde bei den durchgeführten Untersuchungen die von der Firma Gebr. Haake, Berlin, herausgebrachte

Viskowaage benutzt, die aus dem bekannten Höppler-Viskosimeter entwickelt wurde und sich besonders für Flüssigkeiten in der Art von Stärke-"lösungen" oder -kleistern eignet.

Die Messung erfolgt derart, daß die zu prüfende Flüssigkeit in das Meßrohr eingefüllt und ein zylindrischer, in der Mitte längsdurchbohrter Meßkörper mit verschiedener Geschwindigkeit in dem Rohr hochgezogen wird. Der Meßkörper ist mit einem Draht an einem der beiden Balken einer Waage aufgehängt. Der zweite Waagebalken ist wie üblich mit einer Schale für die Auflage von Gewichten ausgestattet. Das Meßrohr wird von Wasser umspült, das mit Hilfe eines Thermostaten die beim Schlichten in Frage kommende Temperatur hält.

Die aufgelegten Gewichte entsprechen der einwirkenden Schubspannung und bestimmen die Geschwindigkeit des Meßkörpers in der zu prüfenden Flüssigkeit. Die Zeit, die er braucht, um die Strecke zwischen zwei Marken zurückzulegen, wird gestoppt. Setzt man sie neben der Gewichtsbelastung in eine gegebene Formel ein, so erhält man die Viskosität der Flüssigkeit in Centipoise.

Werden die mit verschiedenen Auflagegewichten erhaltenen Zahlen in ein Diagramm eingetragen, auf dessen Abszisse die Schubspannungen τ (= Belastung in g x Schubfaktor des Viskosimeters [5]) und auf dessen Ordinate die cP-Werte abzulesen sind, so ensteht für die untersuchte Schlichteflotte eine Viskositätskurve. Diese verläuft bei "idealen" Flüssigkeiten parallel zur Abszisse. Bei den von uns geprüften Schlichteflotten war ein solches Verhalten nicht zu erwarten, sondern günstigstenfalls eine flache Abhängigkeit der Viskosität von den auftretenden Schubspannungen.

Die Viskositätsmessungen wurden - wie bereits erwähnt - bei der Temperatur durchgeführt, welche die Schlichte im Trog während des betreffenden Versuches hatte. Dabei wurde so verfahren, daß die Schlichteprobe zu Beginn des Versuches dem Trog entnommen und in das bereits auf die gewünschte Temperatur aufgeheizte Viskosimeter gebracht wurde. Die Messung wurde dann nach einer stets gleichen Zeit durchgeführt [6]. Von Doppelbestimmungen, nämlich je eine Viskositätsbestimmung zu Beginn und gegen Ende jedes Schlichteversuches, sahen wir ab, weil unsere Versuchszeiten zu kurz

---

5. Schubfaktor für den von uns benutzten Meßkörper: 4,94
   (Fußnote 6. s.S. 26)

(max. 1 Std.) waren, um auftretende Unterschiede auswerten zu können. Wir machen allerdings darauf aufmerksam, daß bei den wesentlich längeren Beanspruchungszeiten einer Schlichte in der Praxis derartige Doppelbestimmungen interessant werden und wesentliche Merkmale hinsichtlich Gleichmäßigkeit und Stabilität eines Produktes über mehrere oder sogar viele Stunden herausstellen können.

IV. Versuchsergebnisse

1. Der Einfluß der Schlichten auf Festigkeit und Dehnung von Baumwollgarnen. Viskosität und Eindringevermögen der Schlichten

Die Tabellen 1-8 enthalten für die Versuchsgarne und die einzelnen Schlichteverfahren Angaben über die angewendeten Konzentrationen und Temperaturen der Flotten. Sie fassen weiterhin die Ergebnisse der vorgenommenen technologischen Prüfungen hinsichtlich Bruchlast und Bruchdehnung der Gespinste zusammen.

In den Tabellen 1 - 4 sind als Mittelwerte aus 40 Reißungen die Zahlen der Bruchlast P in g eingetragen, und zwar untereinander zuerst für die ungescheuerten, dann für die gescheuerten Garnproben. Die danebenstehende Spalte gibt die Veränderung der Bruchlast durch das Schlichten bezogen auf die Festigkeit des ungeschlichteten Garnes als prozentualen Wert P_1 wieder.

Die Veränderung der Bruchlast, die durch das Scheuern der Garne eingetreten ist, spiegelt sich in den Prozentzahlen P_2 der nächsten Doppelspalte wieder.

---

6. Wir bemühten uns, die Zeiten zwischen der Fertigstellung der Schlichte und der Messung ihrer Viskosität stets gleich zu halten (ca. 1 Std.). In einigen Fällen - besonders wenn mehrere Versuche am gleichen Tage erforderlich waren - gelang es nicht, diesen zeitlichen Abstand auf die Minute genau einzuhalten. So ist es möglich, daß die erhaltenen Viskositätswerte hin und wieder nicht absolut genau sind. Die Abweichungen sind jedoch gering und für den Praktiker ohne Bedeutung. Sie betrugen besonders bei den modernen Mitteln nur wenige cP, wovon wir uns durch eine besonders durchgeführte Versuchsreihe, bei der wir die Zeitabstände zwischen Versuch und Messungen variierten, zuvor überzeugt hatten. Es wurde ferner darauf geachtet, daß das Ansetzen der Flotte, da, wo keine besonderen Vorschriften bestanden, stets in der gleichen Weise vorgenommen wurde (Einrühren des angeteigten Schlichtebreis in das bis zum Kochen erhitzte Wasser und gleichbleibende Kochdauer).

Tabelle 1

Nm 28, roh

Nr.		Konz. kg pro 100 l	Temp. °C	P g	P_1 %	P_2 %		P_3 %	
a	ohne	-	-	382	100	100		100	
				342		89	100	89	100
b	H_2O	-	20	390	102	100			
				314		81	91	82	92
1	A	6,00	85	530	139	100			
	B	0,06		492		93	104	129	144
2	A	3,50	60-65	513	134	100			
	G'	1,50		396		77	87*)	103	116
3	A	3,50	80-85	526	138	100			
	G'	1,50		499		95	107	131	146
4	A	4,00	85	501	131	100			
	G'	1,00		421		84		110	124
	T	0,66					95		
5	A	7,00	85	514	135	100			
	K	2,00		471		91	102	123	138
	F	0,40							
6	A	5,00	75	512	134	100			
	J	2,00		464		91	102	121	136
	Te	0,40							
	Ol	0,05							
7	L	7,50	60-65	519	136	100			
				453		89	99	119	133
8	L	7,50	85	504	132	100			
				475		94	106	124	139

---

*) Fadenbrüche: Vers. 2:1

Forschungsberichte des Wirtschafts- und Verkehrsministeriums Nordrhein-Westfalen

T a b e l l e 1 (Fortsetzung)

Nm 28, roh

Nr.		Konz. kg pro 100 l	Temp. °C	P g	P_1 %	P_2 %		P_3 %	
9	L M'	4,00 2,00	75	536 467	140	100 87	98	122	137
10	M'	7,00	65	538 428	141	100 80	90	113	125
11	M'	7,00	85	528 486	138	100 92	103	127	142
12	A M'	4,00 2,00	75	503 448	132	100 89	100	118	131
13	A M	4,50 1,50	85	509 473	133	100 93	105	124	138
14	N D	6,50 0,20	85	492 456	129	100 93	105	120	135
15	A Q	4,50 0,78	70	506 359	133	100 81	91*)	108	105
16	A I E	5,00 0,40 0,125	85	499 426	131	100 85	96	111	125
17	A S R	8,00 0,60 0,50	85	552 515	145	100 93	104	135	152
18	A P'	4,00 2,00	85	532 478	139	100 90	101	125	141

*) Fadenbrüche: Ver. 15:5

Tabelle 2
Nm 28, gebleicht

Nr.		Konz. kg pro 100 l	Temp. °C	P g	P_1 %	P_2 %		P_3 %	
a	ohne	-	-	445 389	100	100 87	100	100 87	100
b	H_2O	-	20	443 397	100	100 90	104	89	102
19	A B	6,00 0,06	60-65	545 486	122	100 89	102	109	125
20	A B	6,00 0,06	85	524 486	118	100 92	106	109	125
21	A G'	3,50 1,50	60-65	494 469	111	100 95	109	105	121
22	A G'	3,50 1,50	80-85	491 484	110	100 99	114	109	125
23	A G' T	4,00 1,00 0,66	60	501 436	113	100 87	100	98	113
24	A G' T	4,00 1,00 0,66	85	514 452	115	100 88	101	101	116
25	A K F	7,00 2,00 0,40	85	531 520	119	100 98	113	117	134
26	A J Te Ol	5,00 2,00 0,40 0,05	75	509 453	115	100 89	102	102	117
27	L	7,50	85	544 499	122	100 92	106	112	129
28	L M'	4,00 2,00	75	525 507	118	100 97	112	114	130

Tabelle 2 (Fortsetzung)

Nm 28, gebleicht

Nr.		Konz. kg pro 100 l	Temp. °C	P g	P_1 %	P_2 %		P_3 %	
29	M'	7,00	65	531 498	119	100 94	108	112	128
30	M'	7,00	85	538 515	121	100 96	110	116	133
31	A M'	4,00 2,00	75	523 469	118	100 90	103	106	121
32	A M	4,50 1,50	65	512 477	115	100 93	107	107	123
33	A M	4,50 1,50	85	532 488	120	100 92	106	110	127
34	N D	6,50 0,20	60	527 475	119	100 90	104	107	123
35	N' D	9,00 0,20	60	504 449	113	100 89	102	101	116
36	A Q	4,50 0,78	70	517 491	116	100 95	109	110	126
37	A I E	5,00 0,40 0,125	65	517 456	116	100 88	101	102	117
38	A I E	5,00 0,40 0,125	85	530 488	119	100 92	106	110	127
39	A S R	8,00 0,60 0,50	65	542 499	122	100 92	106	112	129
40	A S R	8,00 0,60 0,50	85	537 477	120	100 89	102	107	123
41	A P'	4,00 2,00	85	534 486	120	100 91	105	109	125

Tabelle 3
Nm 50, roh

Nr.		Konz. kg pro 100 l	Temp. °C	P g	$P_\%^1$	$P_\%^2$		$P_\%^3$	
a	ohne	-	-	266 237	100	100 89	100	100 89	100
b	H$_2$O	-	20	261 234	98	100 90	101	88	99
42	A B	8,00 0,08	60-65	355 264	133	100 73	82*)	99	111
43	A B	8,00 0,08	85	385 369	145	100 96	108	139	155
44	A G' D	6,00 2,00 0,20	60-65	343 289	130	100 84	94	109	122
45	A G' D	6,00 2,00 0,20	80-85	342 282	129	100 82	92	106	119
46	A K F	7,00 2,00 0,40	85	388 306	146	100 79	89	115	130
47	A J Te Ol	5,00 2,00 0,40 0,05	75	348 301	131	100 86	97	113	127
48	L	7,50	75	368 299	138	100 81	91	112	126
49	L U	8,00 0,04	65	353 292	133	100 83	93	110	123
50	L M'	6,00 3,00	75	379 307	142	100 81	91	115	130
51	M'	7,00	60-65	350 310	132	100 89	100	118	131
52	M'	7,00	85	360 288	135	100 80	90	108	122
53	A M'	6,00 3,00	75	361 294	136	100 82	92	111	124

*) Fadenbrüche: Vers. 42:4

Tabelle 3 (Fortsetzung)
Nm 50, roh

Nr.		Konz. kg pro	Temp. °C	P g	P_1 %	P_2 %		P_3 %	
54	N D	8,50 0,20	85	356 302	134	100 85	95	114	127
55	N' D	9,00 0,20	85	352 322	132	100 92	103	121	136
56	N' D	12,00 0,30	85	353 231	133	100 66	74*)	87	98
57	Y H	8,00 0,30	70-75	295 195	111	100 66	74*)	73	82
58	A Q	4,50 0,78	70	329 258	124	100 78	88	97	109
59	A I E	8,00 1,00 0,20	85	336 252	126	100 75	84	95	106
60	A S R	9,50 1,00 0,80	85	355 236	134	100 66	74*)	89	100
61	A Z H	7,00 1,50 0,30	65	337 292	127	100 87	98	110	123
62	A P'	6,00 3,00	85	347 345	131	100 99	111	130	145
63	O	5,00	50	334 257	126	100 77	87	97	108
64	O	5,00	70	303 241	114	100 80	90	91	102
65	V W	6,00 2,00	70	342 312	129	100 91	102	117	132
66	A Y X	4,00 2,00 2,00	70-75	317 271	119	100 86	97	102	114
67	A X	7,00 3,80	70-75	337 260	127	100 77	87	98	110
68	C	3,50	70-75	326 254	122	100 78	88	95	107

---

*) Fadenbrüche: Vers. 56: 4; Vers. 57 : 6; Vers. 60 : 3

Tabelle 4
Nm 100, roh

Nr.		Konz. kg pro 100 l	Temp. °C	P g	P_1 %	P_2 %		P_3 %	
a	ohne	-	-	120 101	100	100 84	100*)	100 84	100
b	H_2O	-	20	118 84	98	100 71	85*)	70	83
69	A B	12,00 0,12	60-65	193 183	161	100 95	113	153	181
70	A B	12,00 0,12	85	195 180	163	100 92	109	150	178
71	A G' D	8,00 3,00 0,30	80	179 165	149	100 92	109	137	163
72	L	8,00	65	155 -	129	100 -	-	-	-
73	L	8,00	85	161 119	134	100 74	88*)	99	118
74	L U	8,00 0,04	65	106 92	88	100 87	104	77	91
75	N D	8,50 0,20	85	209 131	174	100 62	74	109	130
76	N' D	12,00 0,30	85	202 161	168	100 80	95*)	134	159
77	Y H	8,00 0,30	70-75	143 106	119	100 74	88*)	88	105
78	A Q	6,00 1,00	75	176 109	147	100 62	74*)	91	108

*) Fadenbrüche: Vers. a: 11; Vers. b : 9; Vers. 73 : 3;
    Vers. 76 : 6; Vers. 77 : 6; Vers. 78 : 8

Tabelle 4 (Fortsetzung)
Nm 100, roh

Nr.		Konz. kg pro 100 l	Temp. °C	P g	P_1 %	P_2 %		P_3 %	
79	A I E	9,00 2,50 0,20	85	170 119	142	100 70	83*)	99	118
80	A S R	9,50 1,00 0,80	85	176 160	146	100 91	108	133	158
81	A Z H	7,00 1,50 0,30	70-75	162 145	135	100 90	107	121	144
82	A P'	6,00 3,00	85	171 119	142	100 70	83*)	99	118
83	C	5,00	50	161 134	134	100 83	99	111	133
84	O	5,00	70	141 113	118	100 80	95*)	94	112
85	V W	6,00 2,00	70	171 141	143	100 83	99	118	140
86	A Y X	4,00 2,00 2,00	70-75	156 106	130	100 68	81*)	88	105
87	A X	7,00 3,80	70-75	275 228	229	100 83	99*)	190	226
88	C	3,50	70-75	163 49	136	100 30	36*)	41	49

---

*) Fadenbrüche: Vers. 79 : 8; Vers. 82 : 7; Vers. 84 : 3;
Vers. 86 : 8; Vers. 87 : 4; Vers. 88 : 27

T a b e l l e 5

Nm 28, roh

Nr.		Konz. kg pro 100 l	Temp. °C	D %	D_1 $\%^1$	D_2 $\%^2$		D_3 $\%^3$	
a	ohne	-	-	6,10 5,68	100	100 93	100	100 93	100
b	H_2O	-	20	4,96 3,85	81	100 78	84	63	68
1	A B	6,00 0,06	85	3,44 3,22	57	100 94	101	53	57
2	A G'	3,50 1,50	60-65	5,33 4,87	88	100 91	98*)	80	85
3	A G'	3,50 1,50	80-85	4,99 4,77	82	100 96	103	78	84
4	A G' T	4,00 1,00 0,66	85	4,31 3,91	71	100 91	98	64	69
5	A K F	7,00 2,00 0,40	85	4,67 4,58	78	100 96	103	75	80
6	A J Te Ol	5,00 2,00 0,40 0,05	75	4,73 4,62	77	100 97	104	75	81
7	L	7,5	60-65	4,49 4,11	74	100 91	98	67	72
8	L	7,5	85	4,16 4,07	68	100 98	105	67	72
9	L M'	4,00 2,00	75	5,03 4,55	83	100 91	98	75	80
10	M'	7,00	65	5,46 4,53	90	100 83	89	75	80

*) Fadenbrüche: Vers. 2 : 1

Tabelle 5 (Fortsetzung)
Nm 28, roh

Nr.		Konz. kg pro 100 l	Temp. °C	D %	D_1 %	D_2 %		D_3 %	
11	M'	7,00	85	5,11 4,74	84	100 93	100	78	84
12	A M'	4,00 2,00	75	5,03 4,38	83	100 87	94	72	77
13	A M	4,50 1,50	85	3,50 3,36	57	100 96	103	55	59
14	N D	6,50 0,20	85	4,38 3,90	72	100 89	96	64	69
15	A Q	4,50 0,78	70	4,54 3,68	74	100 81	87*)	60	65
16	A I E	5,00 0,40 0,125	85	4,18 3,84	69	100 92	99	63	68
17	A S R	8,00 0,60 0,50	85	4,86 4,41	80	100 91	98	72	78
18	A P'	4,00 2,00	85	3,88 3,48	64	100 90	97	57	61

*) Fadenbrüche: Vers. 15:5

Forschungsberichte des Wirtschafts- und Verkehrsministeriums Nordrhein-Westfalen

Tabelle 6
Nm 28, gebleicht

Nr.		Konz. kg pro 100 l	Temp. °C	D %	D_1 %	D_2 %		D_3 %
a	ohne	-	-	6,80 6,29	100	100 93	100	100 93	100
b	H_2O	-	20	5,65 5,37	83	100 95	102	79	85
19	A B	6,00 0,06	60-65	5,66 5,00	83	100 88	95	73	79
20	A B	6,00 0,06	85	5,16 4,82	76	100 94	101	71	77
21	A G'	3,50 1,50	60-65	5,46 5,25	80	100 96	103	77	84
22	A G'	3,50 1,50	80-85	5,89 5,56	87	100 94	101	82	88
23	A G' T	4,00 1,00 0,66	60	5,69 5,15	84	100 91	98	76	82
24	A G' T	4,00 1,00 0,66	85	5,35 4,97	79	100 93	100	73	79
25	A K F	7,00 2,00 0,40	85	5,43 5,14	80	100 95	102	76	82
26	A J Te Ol	5,00 2,00 0,40 0,05	75	5,86 5,17	86	100 88	95	76	82
27	L	7,50	85	5,22 4,89	77	100 94	101	72	78
28	L M'	4,00 2,00	75	5,34 5,05	79	100 95	102	74	80

Tabelle 6 (Fortsetzung)
Nm 28, gebleicht

Nr.		Konz. kg pro 100 l	Temp. °C	D %	D_1 %	D_2 %		D_3 %	
29	M'	7,00	65	4,94 4,83	73	100 98	105	71	77
30	M'	7,00	85	5,32 4,81	78	100 91	98	71	77
31	A M'	4,00 2,00	75	5,62 4,69	83	100 83	89	69	75
32	A M	4,50 1,50	65	5,50 4,94	81	100 90	97	73	79
33	A M	4,50 1,50	85	5,48 4,99	81	100 91	98	73	80
34	N D	6,50 0,20	60	4,63 4,20	68	100 91	98	62	67
35	N' D	9,00 0,20	60	4,54 3,94	67	100 87	94	58	63
36	A Q	4,50 0,78	70	6,21 5,42	91	100 87	94	80	86
37	A I E	5,00 0,40 0,125	65	5,55 4,86	82	100 88	95	72	77
38	A I E	5,00 0,40 0,125	85	5,57 5,08	82	100 91	98	75	81
39	A S R	8,00 0,60 0,50	65	5,40 5,12	79	100 95	102	75	81
40	A S R	8,00 0,60 0,50	85	5,30 4,99	78	100 94	101	73	80
41	A P'	4,00 2,00	85	5,34 4,90	78	100 92	99	72	78

Tabelle 7
Nm 50, roh

Nr.		Konz. kg pro 100 l	Temp. °C	D %	D_1 %	D_2 %		D_3 %	
a	ohne	-	-	6,50 6,10	100	100 94	100	100 94	100
b	H$_2$O	-	20	4,68 3,88	72	100 83	88	60	64
42	A B	8,00 0,08	60-65	4,40 3,34	68	100 76	81*)	52	55
43	A B	8,00 0,08	85	3,99 3,91	61	100 98	104	60	64
44	A G' D	6,00 2,00 0,20	60-65	4,10 4,04	63	100 99	105	62	66
45	A G' D	6,00 2,00 0,20	80-85	4,44 3,70	68	100 83	88	57	61
46	A K F	7,00 2,00 0,40	85	4,30 3,95	66	100 92	98	61	65
47	A J Te Ol	5,00 2,00 0,40 0,05	75	4,45 4,00	69	100 90	96	62	66
48	L	7,50	75	4,45 4,00	69	100 90	96	62	66
49	L U	8,00 0,04	65	4,69 4,06	73	100 86	92	63	67
50	L M'	6,00 3,00	75	4,44 3,98	68	100 90	96	61	65
51	M'	7,00	60-65	4,19 3,84	64	100 92	98	59	63
52	M'	7,00	85	4,07 3,94	63	100 97	103	61	65
53	A M'	6,00 3,00	75	4,21 4,01	65	100 95	101	62	66

*) Fadenbrüche: Vers. 42:4

Tabelle 7 (Fortsetzung)

Nm 50, roh

Nr.		Konz. kg pro 100 l	Temp. °C	D %	D_1 %	D_2 %		D_3 %	
54	N D	8,50 0,20	85	3,22 3,14	50	100 97	103	48	52
55	N' D	9,00 0,20	85	3,42 3,33	53	100 97	103	51	55
56	N' D	12,00 0,30	85	4,29 3,37	66	100 79	84*)	52	55
57	Y H	8,00 0,30	70-75	3,60 2,70	55	100 75	80*)	41	44
58	A Q	4,50 0,78	70	4,04 3,64	62	100 90	96	56	60
59	A I E	8,00 1,00 0,20	85	3,50 3,44	54	100 98	104	53	56
60	A S R	9,50 1,00 0,80	85	4,18 3,33	64	100 80	85*)	51	55
61	A Z H	7,00 1,50 0,30	65	3,94 3,61	61	100 91	97	55	59
62	A P'	6,00 3,00	85	4,00 3,59	62	100 .90	96	55	59
63	O	5,00	50	4,69 3,74	72	100 80	85	58	61
64	O	5,00	70	4,64 3,99	72	100 86	92	62	65
65	V W	6,00 2,00	70	3,96 3,01	61	100 99	105	60	64
66	A Y X	4,00 2,00 2,00	70-75	3,99 3,77	62	100 94	100	58	62
67	A X	7,00 3,80	70-75	4,36 3,78	67	100 87	93	58	62
68	C	3,50	70-75	4,19 3,78	65	100 90	96	58	62

*) Fadenbrüche: Vers. 56 : 4; Vers. 57 : 6; Vers. 60 : 3

Tabelle 8
Nm 100, roh

Nr.		Konz. kg pro 100 l	Temp. °C	D %	D_1 %	D_2 %		D_3 %
a	ohne	-	-	4,44 3,77	100	100 85	100*)	100 85	100
b	H$_2$O	-	20	3,66 2,45	82	100 67	79*)	55	65
69	A B	12,00 0,12	60-65	1,46 1,35	33	100 92	108	30	36
70	A B	12,00 0,12	85	1,63 1,38	37	100 85	100	31	37
71	A G' D	8,00 3,00 0,30	80	3,60 3,23	81	100 90	106	73	86
72	L	8,00	65	3,25 -	73	100 -	-	-	-
73	L	8,00	85	3,26 2,74	74	100 84	99*)	62	73
74	L U	8,00 0,04	65	3,56 2,40	80	100 67	79*)	54	64
75	N D	8,50 0,20	85	3,44 2,85	77	100 83	98	64	76
76	N' D	12,00 0,30	85	3,32 2,74	75	100 83	98*)	62	73
77	Y H	8,00 0,30	70-75	3,20 2,54	72	100 79	93*)	57	67
78	A Q	6,00 1,00	75	3,29 2,37	74	100 72	85*)	53	63

*) Fadenbrüche: Vers. a : 11; Vers. b : 9; Vers. 73 : 3; Vers. 74 : 3; Vers. 76 : 6; Vers. 77 : 6; Vers. 78 : 8

T a b e l l e 8 (Fortsetzung)

Nm 100, roh

Nr.		Konz. kg pro 100 l	Temp. °C	D %	D_1 %	D_2 %		D_3 %	
79	A I E	9,00 2,50 0,20	85	3,10 2,35	70	100 76	89*)	53	62
80	A S R	9,50 1,00 0,80	85	4,16 3,43	94	100 82	97	77	91
81	A Z H	7,00 1,50 0,30	70-75	2,74 2,80	62	100 102	114	63	74
82	A P'	6,00 3,00	85	2,97 2,25	67	100 76	89*)	51	60
83	O	5,00	50	3,75 3,55	84	100 95	112	80	94
84	O	5,00	70	2,86 2,62	64	100 92	108*)	59	69
85	V W	6,00 2,00	70	3,51 2,85	79	100 81	95	64	76
86	A Y X	4,00 2,00 2,00	70-75	2,72 2,18	61	100 80	94*)	49	58
87	A X	7,00 3,80	70-75	4,19 3,46	94	100 83	98*)	78	92
88	C	3,50	70-75	2,93 0,75	66	100 26	31*)	17	20

*) Fadenbrüche: Vers. 79 : 8; Vers. 82 : 7; Vers. 84 : 3; Vers. 86 : 8; Vers. 87 : 4; Vers. 88 : 27

Die Zahlen der linken Kolonne sind Bruchlasten nach dem Scheuern, bezogen auf die Bruchlast der zugehörigen ungescheuerten Proben = 100%. Die rechts stehenden Werte für P_2 werden erhalten, indem die Zahlen der linken Kolonne durch die prozentuale Bruchlast der ungeschlichteten Probe nach dem Scheuern dividiert werden. Sie kennzeichnen dementsprechend den Scheuerwiderstand bzw. den Scheuerverlust der Probe verglichen mit dem des ungeschlichteten Kontrollgarnes. Eine Verbesserung durch die Schlichte tritt in allen Fällen ein, in denen die rechten P_2-Werte höher sind als 100 %. Die letztgenannten P_2-Zahlen werden wir zweckmäßigerweise bei dem Vergleich der Ergebnisse zu betrachten haben.

Die letzte Doppelspalte enthält die schließlich verbliebene prozentuale Bruchlast P_3, welche die Veränderung aufzeigt, die die Garne durch das Schlichten und Scheuern erlitten haben. Sie ist einmal bezogen auf die Ausgangsfestigkeit der Garne (= 100%), nämlich die Festigkeit der ungeschlichteten Probe vor dem Scheuern (linke Spalte). In der letzten Spalte sind die Werte P_3 bezogen auf die Festigkeit der ungeschlichteten gescheuerten Garne (= 100%) eingetragen. Zur Betrachtung des Gesamteffektes der Schlichte sind die P_3-Zahlen dieser letzten Spalte maßgebend. Sie geben das Verhältnis der Reißfestigkeit des geschlichteten Garnes zu jener der ungeschlichteten Kontrollprobe jeweils nach erlittener Scheuerbeanspruchung wieder. Auch für P_3 gilt, daß ein günstiger Effekt überall dort eingetreten ist, wo sich Werte über 100% ergaben.

Die Tabellen 5-8 geben wiederum in Mittelwerten aus den vorgenommenen 40 Reißungen die Zahlen für die Bruchdehnung in Prozent wieder. Die Betrachtung wird dabei an Hand der Werte D_1, D_2 und D_3 genau so vorgenommen, wie dieses in den Tabellen 1 - 4 für die Zahlen P_1, P_2 und P_3 der Bruchlast geschehen ist. So gilt denn die für P_1, P_2 und P_3 gegebene Definition sinngemäß auch für die relativen Werte der prozentualen Dehnung D_1, D_2 und D_3.

Bei der Scheuerung traten insbesondere bei den feineren Garnen Nm 50 und Nm 100 in einzelnen Fällen mehr oder weniger häufige Fadenbrüche auf. Wenngleich diese bei Errechnung der mittleren Festigkeitswerte der gescheuerten Garne in bestimmter Weise Berücksichtigung fanden, kann die Fadenbruchhäufigkeit, soweit sie über eine gewisse Zufälligkeitsgrenze herausgeht, zur Beurteilung der Schlichte herangezogen werden.

Forschungsberichte des Wirtschafts- und Verkehrsministeriums Nordrhein-Westfalen

Die jeweils untersuchte Schlichteart ist durch Chiffern gekennzeichnet, die sich auf die Aufstellung in Teil III/2 dieses Berichtes beziehen und die Komponenten der Flotte angeben. Die unter Pos. a - "ohne" - angegebenen Zahlen beziehen sich auf die ungeschlichteten Garne (Kontrollgarne).

Der Schlichtevorgang schließt mehrere Nebenfaktoren ein, die sich auf die technologischen Daten eines Garnes auswirken können, so vor allem das Naßwerden des Garnes, die dabei einwirkende Zugspannung und die darauffolgende Trocknung sowie die Reibungserscheinungen beim Passieren der Walzen, der Trocknungs- Teilungs- und Bäumeinrichtungen und der Riete. Um diese Faktoren für unsere Versuchsschlichtmaschine in ihrer Gesamtheit kennenzulernen, führten wir je einen Versuch (Versuche b) ohne Schlichte und nur mit Wasser im Trog durch. Die Temperatur des Wassers betrug 20°C, die Trocknungstemperatur wurde, wie in allen übrigen Versuchen, stets so gehalten, daß das Garn mit einer Feuchtigkeit von etwa 8% den Kettbaum erreichte. Die Resultate der Prüfung der "wassergeschlichteten" Garne gibt im Auszug aus den Tabellen 1 - 8 die nachstehende Aufstellung wieder. Es zeigte sich, daß die Durchtränkung mit Wasser und das nachfolgende Trocknen kaum eine Festigkeitsveränderung der Garne mit sich gebracht hatte. Die Zahlen P_1 streuen um 100%.

Garn	Nm 28 roh	Nm 28 gebl.	Nm 50 roh	Nm 100 roh
P_1: %	102	100	98	98
P_2: %	91	104	101	85
P_3: %	92	102	99	83
D_1: %	81	83	72	82
D_2: %	84	102	88	79
D_3: %	68	85	64	65 (9 Brüche)

Die P_2-Werte, die den Scheuerverlust der Proben kennzeichnen, zeigen also bei den Rohgarnen Nm 28 mit -9% und Nm 100 mit -15% deutliche Verschlechterungen gegenüber der unbehandelten Probe. Demgegenüber sind die geringen Zunahmen der Scheuerdaten bei den übrigen Garnen +4% bei Nm 28 gebl. und + 1% bei Nm 50 roh unbedeutend und für die Feststellung eines charakteristischen Verhaltens nicht ausreichend. Die "Wasserschlichtung" war also für den Scheuerwiderstand der Garne im ganzen betrachtet ungünstig.

Auch die zusammenfassenden P_3-Werte, also jenen prozentualen Zahlen, welche die Verbesserung oder Verschlechterung der geschlichteten Proben in Bezug auf das Verhalten nach dem Scheuern angeben, bestätigen dieses Ergebnis.

Was die Dehnung anbetrifft, so ist festzustellen, daß sie nach der Wasserbehandlung teilweise erheblich tiefer liegt als die der unbehandelten Garne. Dies hat seine Ursache in der Dehnungsbeanspruchung der Garne, der sie bei ihrem Durchgang durch die Schlichtmaschine ausgesetzt worden sind. Die Zahlen für D_1 liegen demnach für alle Garne unter 100%. Ebenso wenig ist zu erwarten, daß die "Wasserschlichtung" den Scheuerwiderstand, verglichen mit dem des unbehandelten Garnes, erhöht. Die bei dem Garn Nm 28 gebl. erhaltene Zahl für D_2 (= 102%), die dennoch darauf hindeutet, muß als ein Ausreißer betrachtet werden. Die anderen D_2-Werte liegen verhältnismäßig tief. Dementsprechend liegen auch sämtliche Zahlen für D_3, d.h. also für die relative Dehnung, die nach dem Schlichten und Scheuern verblieben ist - bis auf den erwähnten Ausreißer (hier 85%) - ziemlich einheitlich (um 65%), im Vergleich zu D_3 = 100% bei dem gescheuerten Kontrollgarn.

Auffallend ist, daß das feinste Garn (Nm 100) sich gegenüber der Wasserbehandlung empfindlicher zeigte als die übrigen. Insbesondere war die Verschlechterung des Scheuerwiderstandes auffällig. Bei der Prüfung traten 9 Fadenbrüche auf.

Zusammenfassend kann also bei der Betrachtung der Veränderungen, welche die Garne nach Passieren des wassergefüllten Schlichttroges sowie der Schlichtmaschine erlitten haben, festgestellt werden, daß jede Schlichte zunächst den durch die Naßbehandlung und durch die anschließende Trocknung eingetretenen Rückgang der technologischen Garndaten wettzumachen hat, ehe sie darüber hinaus an dem zu schlichtenden Kettgarn eine Verbesserung hinsichtlich seiner Verarbeitungsfähigkeit bewirken kann.

Man kann durchaus erwarten, daß der Einfluß des Wassers bei höheren Temperaturen als 20° C die Garndaten noch ungünstiger beeinflussen wird, ein Umstand, der sich bei den Rohgarnen wiederum stärker auswirken wird, weil diese heißer geschlichtet werden müssen als gebleichte Garne.

Wir gehen nunmehr zu der Auswertung der eigentlichen Schlichteversuche 1 - 88 gemäß den Tabellen 1 - 8 über.

Bei der Betrachtung der Festigkeitsverhältnisse (Tab. 1-4) ist zunächst eine bei geschlichteten Garnen durchweg zu beobachtende Erhöhung der Reißfestigkeit festzustellen. Die Zahl P_1, welche die Bruchlast der Proben in Prozent der Reißlast des ungeschlichteten Garnes angibt, ist in allen Fällen, mit einer Ausnahme, höher als 100. Diese Ausnahme (Vers. 74) kann als Ausreißer außer Betracht bleiben, da dieselbe Schlichte sonst völlig normale und oft sogar ausgezeichnete Resultate erzielte.

Die Erhöhung der Reißfestigkeit ist aber nicht allein für die Beurteilung des Schlichteffektes maßgebend. Wesentlich ist die angestrebte Verbesserung des Widerstandes gegenüber Scheuereinflüssen.

Wie die Zahlen in P_2 in der rechten Kolonne der entsprechenden Doppelspalte in den Tabellen 1 - 4 zeigen, wird eine diesbezügliche Verbesserung durch das Schlichten keineswegs immer erreicht. Hier ist der Einfluß des Garnes deutlich. Bei Nm 28 gebl. ist eine Verbesserung in allen Fällen erzielt worden. Bei Nm 28 roh gilt dies für die Mehrzahl der Fälle. Bei den feineren Garnen Nm 50 roh und Nm 100 roh wirkt sich demgegenüber die Schlichte nur in einer geringen Minderzahl der Fälle in Bezug auf die Verbesserung des Scheuerwiderstandes günstig aus.

Die Zahlen P_3 liefern - wie bereits erwähnt - eine Zusammenfassung der durch die Zahlen P_1 und P_2 gekennzeichneten Veränderungen der Garne, die sich aus der Erhöhung der Bruchlast und Veränderung des Scheuerwiderstandes ergeben. Sie spiegeln fast durchweg - über 100% liegend - eine generelle Verbesserung wider. Diese wird in der Hauptsache bewirkt durch die nach der Schlichtung eintretende Erhöhung der Reißfestigkeit, welche auch die teilweise beobachtete Verschlechterung des Scheuerwiderstandes überdeckt.

Betrachten wir die verschiedenen zur Untersuchung herangezogenen Garne, so ist festzustellen, daß die einheitlichsten Resultate bei dem gebleichten Garn erzielt worden sind. Bei den Rohgarnen ist der Schwankungsbereich der Zahlen weiter. Die Streuung wird mit zunehmender Feinheit der Garne größer, auch wenn von extremen Werten, die den Verdacht erregen können, Ausreißer zu sein, abgesehen wird. Das gebleichte Garn Nm 28 ergab für P_3 Werte zwischen 113 und 134%. Das Rohgarn Nm 100 hatte für P_3, selbst ohne Berücksichtigung unwahrscheinlicher Höchst- und Tiefstwerte, Zahlen in der Größenordnung von 90 - 180% aufzuweisen.

Weniger erfreulich ist durchweg das Ergebnis der Schlichten in Bezug auf die Dehnung. Die Bruchdehnung D_1 der geschlichteten Garne ist ausnahmslos und vielfach erheblich schlechter als die der ungeschlichteten Garne. Der festgestellte Höchstwert betrug 94%, in extremen Fällen ging D_1 sogar auf weniger als 50% zurück.

Die Bruchdehnung der geschlichteten und gescheuerten Probe - verglichen mit derjenigen des gescheuerten Kontrollgarnes (D_2) - lag ebenfalls in der Mehrheit der Fälle unterhalb 100%. In denjenigen Fällen, bei denen der Scheuerwiderstand gehalten ($D_2 = 100\%$) oder gar gesteigert werden konnte (D_2 größer als 100%), wurden demnach günstige Ergebnisse erzielt. D_3 als relative Dehnung nach dem Schlichten und Scheuern in Vergleich gesetzt zur Bruchdehnung des gescheuerten Kontrollgarnes (letzte Reihe der Doppelspalte) liegt infolgedessen - wie die Betrachtung der Werte zeigt - in einer Größenordnung, die in den meisten Fällen 100% weit unterschreitet. Daraus ergibt sich, daß - wie schon anfangs gesagt - die Auswirkung der Schlichte auf die Dehnungsfähigkeit der Garne stets ungünstig ist.

Was nun die einzelnen Garne angeht, so ist in einer gewissen Parallele zu der Betrachtung der Festigkeitsverhältnisse zu sagen, daß am wenigsten das gebleichte Garn Nm 28 - auch verglichen mit dem Rohgarn dieser Nummer - durch die Schlichte beeinflußt wird. Auch bei der Dehnung wird die Streuung mit Zunahme der Garnfeinheit immer größer. Die einzelnen Zahlen werden noch zu besprechen sein. Der Gegenüberstellung halber sei an dieser Stelle nur der Bereich der für D_3 vorkommenden Zahlen genannt: Er umfaßt bei Nm 28 gebl. 63 - 88% und bei Nm 100 roh - hier wiederum unter Weglassung unwahrscheinlicher Werte - 36 - 94%.

An Hand der Resultate, welche die durchgeführten Festigkeits- und Dehnungsuntersuchungen lieferten, soll im folgenden untersucht werden, welches der in die Versuche einbezogenen Schlichtemittel die beste Kombinationswirkung in Bezug auf die Verbesserung der Bruchlast und des Scheuerwiderstandes einerseits zu erzielen vermochte, andererseits die Dehnung der Garne nach dem Schlichten und Scheuern am wenigsten im ungünstigen Sinne beeinflußt hat.

Gleichzeitig mit der Besprechung der einzelnen Schlichten im Hinblick auf die Beeinflussung der technologischen Garndaten, soll auf das Verhalten der Viskosität der Schlichten sowie auf ihr Eindringevermögen eingegangen werden.

Grundsätzlich setzen Baumwollrohgarne dem Eindringen der Schlichteflotte einen größeren Widerstand entgegen als gebleichte Baumwollgarne, so daß z.B. ein Produkt, das in ein gebleichtes Garn etwa 4 - 5 Zellenschichten tief eindringt - wobei unter Zellenschichten die einzelnen Faserreihen zur Garnmitte hin verstanden seien - bei einem Rohgarn nur etwa bis in die zweite oder dritte Schicht gelangt. Stets wird bei gebleichten Garnen eine intensivere Schlichtung beobachtet. Dies gilt sowohl für Schlichten mit gutem als auch für solche mit weniger gutem Eindringevermögen.

Das Eindringevermögen jeder Schlichte nimmt mit steigender Temperatur und sinkender Konzentration zu, wie die mikroskopischen Untersuchungen zeigten.

Bei der folgenden Beschreibung des Eindringevermögens einzelner Schlichten soll als Charakteristikum angegeben werden, wie weit - bezogen auf den Halbmesser des Garns - eine Schlichtwirkung festzustellen war, also etwa bis zur Hälfte oder bis zu einem Drittel usw. (Kennziffer : E).

Das Viskositätsverhalten der einzelnen Schlichteflotten läßt sich im Ganzen nicht behandeln. Es wird darauf bei der Besprechung der einzelnen Schlichten jeweils einzugehen sein. In den nachfolgend bei der Behandlung der einzelnen Schlichterezepte gebrachten Aufstellungen ist die Viskosität der Schlichteflotten gekennzeichnet durch die cP-Anfangs- und Endwerte. Der Anfangswert der Viskosität ist ein durch die Meßmöglichkeit bedingter Grenzwert. Der Endwert der Viskosität ist dann erreicht, wenn auch bei weiterer Erhöhung der Schubspannung eine Änderung der Zähigkeit nicht mehr eintritt. Den cP-Zahlen sind die zugehörigen Schubspannungen (τ) beigefügt.

Im folgenden soll der Übersichtlichkeit halber über die Auswirkung der Schlichte auf die Garneigenschaften weitzeilig, über das Verhalten der Flotten engzeilig berichtet werden. Damit soll aber keineswegs die Behandlung der Viskositätsfragen als zweitrangig gekennzeichnet sein.

Die Schlichte AB (Kartoffelstärke + Aufschlußmittel) verwendeten wir in insgesamt 7 Versuchen, wie die nachstehende Zusammenstellung zeigt (s.S.49).

Wie ersichtlich, wurde die Konzentration mit zunehmender Garnnummer erhöht. Fast durchweg wurden die Versuche bei zwei Temperaturen durchgeführt.

Die Ergebnisse der Garnprüfungen, wiedergegeben durch die Werte P_1, P_2 und P_3 bzw. D_1, D_2 und D_3 sowie der mikroskopischen Untersuchungen sind in der zweiten Aufstellung zusammengefaßt.

Forschungsberichte des Wirtschafts- und Verkehrsministeriums Nordrhein-Westfalen

Garn	Konzentration	Temperatur	Viskosität	Vers.Nr.
Nm 28 roh	A 6,00 kg/100 l B 0,06 kg/100 l	85° C		1
Nm 28 gebl.	A 6,00 kg/100 l B 0,06 kg/100 l	60-65°C	650 73*) τ=49 2965	19
	desgl.	85° C		20
Nm 50 roh	A 8,00 kg/100 l B 0,08 kg/100 l	60-65°C		42
	desgl.	85° C		43
Nm 100 roh	A 12,00 kg/100 l B 0,12 kg/100 l	60-65°C	3200 258*) τ=150 9900	69
	desgl.	85° C	1770 70 τ=150 5430	70

*) Gemessen bei 65° C

Versuch	1	19	20	42	43	69	70
Garn	Nm 28 roh	Nm 28 gebl.		Nm 50 roh		Nm 100 roh	
P_1 : %	139	122	118	133	145	161	163
P_2 : %	104	102	106	82	108	113	109
P_3 : %	144	125	125	111	155	181	178
D_1 : %	57	83	76	68	61	33	37
D_2 : %	101	95	101	81	104	108	100
D_3 : %	57	79	77	55	64	36	37
				(4 Brüche)			
E:		Rd-1/4	Rd-1/2	Rd-1/2	1/2	Rd-1/2	

In Bezug auf die Verbesserung der Reißfestigkeit (P_1) ergibt das Schlichterezept AB durchweg sehr gute Werte. Bei dem Garn Nm 28 gebl. ergab AB in dieser Beziehung bei 60-65° C sogar den Höchstwert der gesamten Vergleichsergebnisse mit diesem Garn (122%). Die vergleichsweise größten Erhöhungen der Bruchlast traten bei dem feinen Garn Nm 100 (161 und 163 %) auf. Das gebleichte Garn zeigt im Vergleich zu dem Rohgarn die geringere Beeinflussung der Reißfestigkeit durch die Schlichte (122 und 118%) gegenüber 139% bei Nm 28 roh und 133 sowie 145% bei Nm 50. Die Veränderung der Temperatur hatte nur wenig Wirkung. Die prozentuale Verbesserung blieb in der gleichen Größenordnung. Lediglich bei Nm 50 roh wurde ein besserer Effekt bei der höheren Temperatur deutlich.

Die prozentualen P_2-Zahlen, welche die Veränderung des Scheuerwiderstandes angeben, zeigen nur in einem Fall, nämlich bei dem Garn Nm 50 roh, bei 60-65° C eine Verschlechterung gegenüber dem Ausgangswert (82%). Der Vergleich mit den anderen Zahlen dieser Zeile läßt hier einen Ausreißer vermuten. Die übrigen Zahlen in der Größenordnung von 102 bis 113% sind als im Durchschnitt gut zu bezeichnen. Der P_2-Wert von 113% für Nm 100 roh (60-65°C) ist sogar ein Bestwert innerhalb der Ergebnisse für dieses Garn. Überhaupt ist der Erfolg für P_2 bei dem Garn Nm 100 roh in Anbetracht der nur in seltenen Fällen eingetretenen Verbesserung des Scheuerwiderstandes durch das Schlichten sehr beachtlich (113 und 109%). Auch bei der Veränderung der P_2-Zahlen ist ein eindeutiger Einfluß der Schlichtetemperatur nicht festzustellen.

Die zusammenfassenden Werte für P_3 sind ebenfalls sehr gut. Ein Bestwert für die Garnnummer Nm 50 roh wird hier mit 155% bei Versuch 43 mit 85°C Schlichtetemperatur erzielt, aber auch die anderen Ergebnisse sind mit den Werten zwischen 125 und 181% - der Wert für Versuch 42 dürfte als Ausreißer wegzulassen sein - als ausgezeichnet anzusprechen [7].

Somit schneidet die Kartoffelstärkeschlichte AB bei den Festigkeitsuntersuchungen vorzüglich ab.

Weniger einheitlich fällt die Beurteilung der Schlichte AB in Bezug auf die Dehnungseigenschaften der geschlichteten Garne aus. Die Schlichtung läßt die Bruchdehnung im Vergleich zu der des ungeschlichteten Garnes (D_1-Werte) in einigen Fällen bedenklich zurückgehen. Bei Nm 28 roh und bei

---

7. Die Begutachtung der Einzelergebnisse bezieht sich immer nur auf den innerhalb der Versuche mit einer Garnnummer erzielten Durchschnitt. Damit ist erklärt, daß z.B. ein Wert P_1 von 135% erhalten bei Nm 28 roh als ein Durchschnittsergebnis bezeichnet werden muß, während P_1 = 122% bei Nm 28 gebl. ein "Bestwert" ist. Ähnliche Beispiele lassen sich auch für P_2 und P_3 anführen

Nm 100 roh - bei dem letzteren in beiden Versuchen mit den verschiedenen Temperaturen - sind sogar Tiefstwerte festzustellen (57 bzw. 33 und 37%). Bei Nm 50 roh ist das Ergebnis durchschnittlich. Demgegenüber ergaben sich bei dem gebleichten Garn Nm 28 keineswegs abschreckende Zahlen. Insbesondere bei der geringeren Temperatur ergibt sich ein vergleichsweise sehr guter Wert (D_1 = 83%). Es sei dahingestellt, ob es sich hier um ein als Ausreißer zu bezeichnendes Ergebnis handelt.

Die Veränderung des Scheuerwiderstandes in Bezug auf die Dehnung ergibt bei der Schlichte AB zum Teil ermutigende D_2-Werte, insbesondere bei den Rohgarnen. Dort finden sich sogar sehr gute Werte, so bei Nm 28: D_2 = 101%, bei Nm 50 : D_2 = 104% und bei Nm 100 : D_2 = 108%. Aber auch bei dem gebleichten Garn Nm 28 ist eine der Zahlen (101%) als gut zu bewerten.

Die zusammenfassenden Werte D_3 für die Bruchdehnung sind bei den Rohgarnen teilweise belastet durch die geringe Höhe der D_1-Zahlen. Dementsprechend liegt D_3 bei Nm 28 roh und Nm 100 roh an der unteren Grenze der überhaupt bei diesen Garnen gefundenen Werte (D_3 = 57 bzw. 36 und 37%). Demgegenüber ergibt sich für Nm 50 noch ein guter Wert bei 85° C. Das gebleichte Garn weist für D_3 nur durchschnittliche Zahlen auf, die hier wiederum auf den ungünstigen Ausfall von D_2 zurückgehen.

Ein eindeutiger Einfluß der Schlichtetemperatur ließ sich auch in Bezug auf die Dehnung der geschlichteten Garne nicht feststellen.

Bei Versuch 42 (Nm 50, 60-65° C) traten beim Scheuern Brüche auf. Sie gehen zurück auf den starken Rückgang der Festigkeit beim Scheuern (P_2=82%), ein Ergebnis, welches wir bereits als nicht vertrauenswürdig bezeichnet haben.

Die technologischen Werte der nach dem Rezept AB geschlichteten Garne zeigen ein gutes Abschneiden der Festigkeit. Demgegenüber hatte die Bruchdehnung zum Teil einen extrem hohen Rückgang, teilweise weniger ungünstige Werte aufzuweisen. Auf jeden Fall ist das Gesamtergebnis uneinheitlich und keineswegs zufriedenstellend.

Die mikroskopischen Querschnittsbilder zeigten, daß die Kartoffelstärke zu einer starken Schlichterandbildung geführt hatte. Sie war nur stellenweise bei hohen Temperaturen - und dann auch nur unregelmäßig - tiefer in das Garn eingedrungen, und zwar maximal nur bis zur Hälfte des Garnhalbmessers.

Die Zähigkeit der Kartoffelstärkeschlichte [8] lag für die Konzentration von 6kg/100 l bei 65° C zwischen cP = 650 und 73. Für die Konzentration von 12 kg/100 l erhielten wir bei 65° C Viskositätswerte zwischen cP = 3200 und 285. Dieser Abfall ist - verglichen mit der Veränderlichkeit der Viskosität, wie sie moderne Schlichten vorteilhaft aufweisen und auf deren Ausmaß noch zurückzukommen sein wird - sehr erheblich und zeugt von einer hohen Strukturviskosität dieser Schlichte. Abbildung 2 zeigt die steil abfallende Viskositätskurve mit cP als Funktion der einwirkenden Schubspannungen τ_o für den Versuch 19, d.h. für eine Konzentration von 6 kg/100 l bei 65° C (obere Kurve).

Bei der Konzentration von 12 kg/100 l wurde die Schlichte AB noch einmal bei höherer Temperatur (85° C) auf ihre Zähigkeit geprüft. Wir erhielten bei gleicher Schubspannung jetzt einen Anfangs-cP-Wert von 1770.

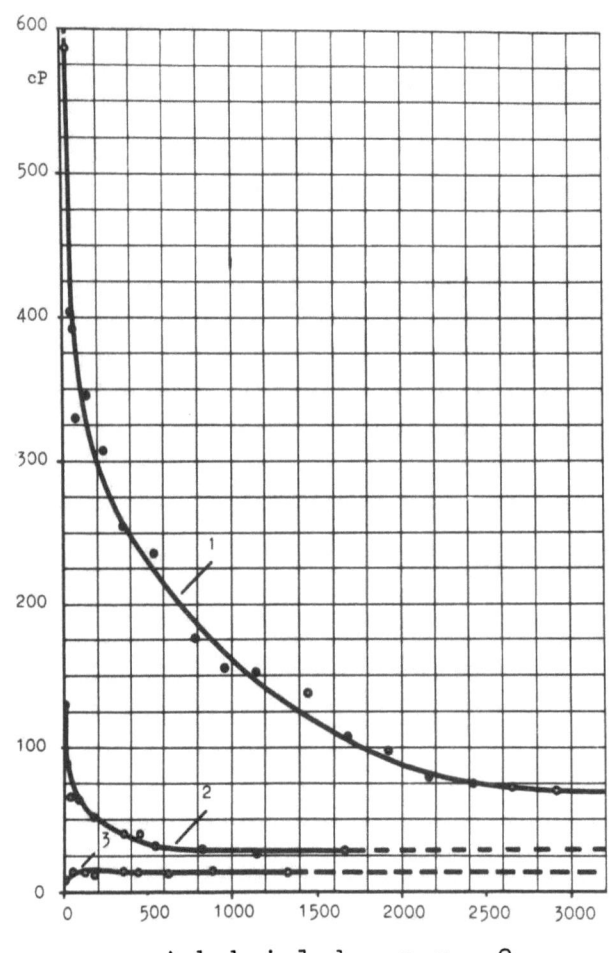

Abbildung 2

Viskosität von Schlichteflotten

1) 6 kg/100 l Kartoffelstärke A, chem. Aufschlußmittel B; 65° C
2) 4 kg/100 l Kartoffelstärke A, 2 kg/100 l mech. aufgeschl. Stärke M'; 75° C
3) 7 kg/100 l mech. aufgeschl. Stärke M'; 65° C

---

8. Vergl. Beschreibung der Viskositätsmessung in Abschn. III/5 b

(Der entsprechende Wert bei 65° C war etwa doppelt so hoch, nämlich 3200). Der Endpunkt der Viskositätskurve lag bei der Temperatur von 85° C bei cP = 70 (gegen 285 bei 65° C). Eine Temperaturerhöhung um 20° C ließ also bei der nativen Stärke die Zähigkeit stark abfallen, ohne daß ihre Strukturviskosität verringert wurde. Allgemein kann festgestellt werden, daß eine Temperaturerhöhung oder -erniedrigung sich bei stark strukturviskosen Schlichtesubstanzen weit stärker auf die absolute Höhe der cP-Werte auswirkt, als dies bei gering strukturviskosen Schlichten der Fall ist.

Zudem machten wir bei der Kartoffelmehlschlichte die Beobachtung, daß Schlichteflotten gleicher Konzentration unterschiedliche Viskositätsverhältnisse aufweisen, wenn sie in verschieden großer Menge angesetzt werden. Trotzdem das Abwägen der Stärke und des Aufschlußmittels in allen Fällen mit größter Genauigkeit auf einer Analysenwaage vor sich ging und die Kochzeiten genau eingehalten wurden, erhielten wir beim Ansetzen kleinerer Mengen für Kontrollzwecke Viskositätskurven, die in gänzlich anderen cP-Dimensionen verliefen als die Kurven für die eigentlichen Versuche mit größeren Schlichtemengen. So zeigte sich bei einer Konzentration von 6 kg/100 l und einer Temperatur von 65°C beim Kleinversuch mit 1 l Schlichte ein cP-Bereich zwischen 73 und 19, während bei dem Schlichteversuch, d.h. beim Ansetzen von 7 l - wie schon erwähnt - cP zwischen 650 - 73 bei gleichen Schubspannungsgrenzen lag. Die Zahlen für 12 kg/100 l und 65° C lagen zwischen cP = 500 und 100 beim Kleinversuch gegen cP = 3200 und 290 beim Schlichteversuch. Diese Unterschiede zeigen, daß die Schlichte auf Basis einer nativen Stärke mit Aufschlußmittel nicht nur gegenüber der mechanischen Beanspruchung empfindlich ist, sondern außerdem scharf auf gegebene Versuchs- oder Betriebsbedingungen reagiert. In unserem Falle wird die für die Wärmezufuhr günstigere Form des kleinen, zum Ansetzen benutzten Becherglases, über einem Bunsenbrenner erwärmt, das abweichende Resultat zur Folge gehabt haben. Diese Uneinheitlichkeit in der Zähigkeit der Kartoffelstärkeflotten kam in unseren Versuchen selbst praktisch nicht zur Auswirkung, da wir jeweils die gleiche Menge Flotte für unsere Garne ansetzten. In der Praxis jedoch ist dies anders, da sich die angesetzte Flottenmenge nach der Menge und Dichte der Kettgarne richtet und praktisch nur selten gleich groß sein dürfte.

Die modifizierte Stärke G' wendeten wir in vier Fällen in Kombination mit Kartoffelstärke A, und zwar nur für das gröbere Garn Nm 28 an.

Garn	Konzentration	Temperatur	Viskosität cP	Vers.Nr.
Nm 28 roh	A 3,5 kg/100 l G'1,5 kg/100 l	60-65° C	165 20*) τ =20 1240	2
	desgl.	80-85° C		3
Nm 28 gebl.	A 3,5 kg/100 l G'1,5 kg/100 l	60-65° C		21
	desgl.	80-85° C		22

*) Gemessen bei 60° C

Forschungsberichte des Wirtschafts- und Verkehrsministeriums Nordrhein-Westfalen

Als Auszug aus den Tabellen 1 - 8 geben wir nachstehend die Versuchsergebnisse an Hand der P- und D-Werte sowie der Zahlen für das Eindringevermögen wieder.

Versuch	2	3	21	22
Garn	Nm 28 roh		Nm 28 gebl.	
P_1 : %	134	138	111	110
P_2 : %	87	107	109	114
P_3 : %	116	146	121	125
D_1 : %	88	82	80	87
D_2 : %	98	103	103	101
D_3 : %	85	84	84	88
	(1 Bruch)			
E:	Rd-1/5	Rd-1/4	1/3-1/2	3/4-4/4

Die Schlichte AG' zeigte in Bezug auf die Erhöhung der Bruchlast beim Rohgarn gute (134 bzw. 138%), bei dem gebleichten Garn demgegenüber weniger bemerkenswerte Ergebnisse. Die P_2-Zahlen sind in der Mehrzahl der Fälle als sehr gut zu bezeichnen. Es sind bei den Versuchen 3 und 22 mit der höheren Temperatur Bestwerte für alle Versuche mit Nm 28 roh und Nm 28 gebl. zu verzeichnen (107 bzw. 114%). Vers. 2, der mit 87% eine eingetretene Verschlechterung des Scheuerwiderstandes ergibt, muß offenbar als Ausreißer gewertet werden.

Zusammenfassend läßt sich an Hand der P_3-Werte sagen, daß die Festigkeitseigenschaften der mit der Schlichte AG' behandelten Garne durchschnittlich bis gut sind. Im Falle des bei 80-85° C geschlichteten Rohgarns ist sogar ein überdurchschnittlicher Schlichteffekt hinsichtlich Festigkeit und Scheuerwiderstand erzielt worden (P_3 = 146%). Die höhere Temperatur scheint Vorteile zu bringen.

Auch was die Dehnungseigenschaften anbetrifft, ist das Ergebnis der Schlichte AG' wesentlich erfreulicher als das der zuerst beschriebenen (AB). Die nach dem Schlichten verbliebene Dehnung zeigt bei drei Versuchen sehr gute Werte, nämlich D_1 = 88, bzw. 82% bei Nm 28 roh und D_1 = 87% bei Nm 28 gebl. im Versuch mit der höheren Schlichtetemperatur. Auch der vierte Wert im Versuch 21 ist durchaus annehmbar.

Das gleiche ist auch für D_2 zu sagen. In drei Fällen wurden Werte über 100% erreicht, die als sehr gut zu bezeichnen sind.

Dementsprechend sind zusammenfassend für D_3 Höchst- bzw. Bestwerte zu verzeichnen, was als ausgezeichnetes Ergebnis für die Dehnungseigenschaften zu werten ist. Der Einfluß der Temperatur war nicht ganz einheitlich erfaßbar.

Die Schlichte AG' hat sich somit sowohl in Bezug auf die Festigkeit als auch hinsichtlich der Dehnung zumindest für Baumwollgarne mittlerer Feinheit als sehr brauchbar erwiesen.

Das Ergebnis der Querschnittsprüfung an den mit der Schlichte AG' behandelten Garnen war trotz des überwiegenden Anteils an Kartoffelmehl erfreulicher als bei der Schlichte AB.

Das Eindringevermögen dieser Schlichte ist beim Rohgarn mäßig. Die Temperatursteigerung von 60-65°C auf 80 - 85°C bewirkt zwar eine geringe Vergrößerung der mit Schlichte erfüllten Halbmesserzone (von 1/5 bis auf 1/4), in beiden Fällen aber ist noch eine starke oberflächliche Umhüllung der Garne zu beobachten, in der vorstehenden Aufstellung gekennzeichnet mit "Rd."

Dagen war diese äußere Randauflage beim gebleichten Garn kaum noch festzustellen. Bei der niedrigeren Temperatur war der Garnquerschnitt bereits zu 1/3 - 1/2, bei der höheren sogar zu 3/4 - 4/4 des Radius von der Schlichte erfüllt. Bei dem letzten Versuch war somit praktisch eine Durchschlichtung erzielt worden.

Die Viskosität der Flotte AG' ist - verglichen mit der Schlichteflotte AB aus Versuch 19 (6 kg/100 l) - wesentlich niedriger. Dasselbe gilt auch für ihre Strukturviskosität. Der Vergleich der cP-Werte in einem gleichen Schubspannungsbereich, z.B. zwischen τ = 49 - τ = 1730 ergab für AB cP - Werte von 650 - 110 (vergl. Abbild. 2), dagegen für die Schlichte AG' cP-Werte von 40 - 20. Der unmittelbare Vergleich ist zulässig: Bei AB ist die Konzentration etwas höher, dagegen wurden die Viskositätsmessungen an AG' bei einer etwas niedrigeren Temperatur vorgenommen (vergl. Tab. 1-8).

Bei der Schlichte AG'T handelt es sich um ein Rezept aus der Praxis für Baumwollgarne mittlerer Feinheit. Untersuchungen mit dieser Schlichte wurden deshalb wiederum lediglich mit den Garnen Nm 28 durchgeführt.

Die technologischen Prüfungen ergaben für Festigkeit und Dehnung die nachfolgend aufgeführten Werte. Das Eindringevermögen der Schlichte ist in der letzten Reihe angegeben.

Die Zahlen für P_1, für P_2 und somit auch für P_3 sind wenig interessant. Der Vergleich mit der Schlichte AG' zeigt, daß der Zusatz von Türkisch-Rotöl T

Garn	Konzentration	Temperatur	Viskosität cP	Vers.-Nr.
Nm 28 roh	A 4,00 kg/100 l G'1,00 kg/100 l T 0,66 kg/100 l	85° C	57 12 τ =49 494	4
Nm 28 gebl.	A 4,00 kg/100 l G'1,00 kg/100 l T 0,66 kg/100 l	60° C		23
	desgl.	85° C		24

Versuch	4	23	24
Garn	Nm 28 roh	Nm 28 gebl.	
P_1 : %	131	113	115
P_2 : %	95	100	101
P_3 : %	124	113	116
D_1 : %	71	84	79
D_2 : %	98	98	100
D_3 : %	69	82	79
E :	Rd.-1/4,unglm.	1/3	1/3-1/2

keineswegs günstig ausgewirkt hat. Auch bei der Dehnung ergaben sich durch den vorerwähnten Zusatz keine Verbesserungen, im Gegenteil, die Ergebnisse sind auch hier schlechter als bei der Schlichte AG', so daß sich eine weitere Beschäftigung mit ihnen erübrigt. Außerdem sei festgehalten, daß ein Rezept mit mehreren chemisch verschiedenartigen Komponenten Nachteile für das Entschlichten in sich birgt.

Wie die obigen Aufstellungen zeigen, ist das Eindringevermögen E der Schlichte AG'T durch die Abänderung des Rezeptes merklich verkleinert worden. Aus den Zahlen der Tabellen ist ersichtlich, daß das Verhältnis zwischen modifizierter Stärke und Kartoffelstärke bei AG'T im Vergleich zu dem Rezept AG' erheblich geringer geworden ist. Eigenartigerweise drückt sich diese Beziehung aber nicht in den Viskositätszahlen aus. Die Viskosität ist deutlich geringer geworden. Dieser Umstand kann direkt durch den Zusatz des Türkisch-Rotöls bedingt sein. Jedenfalls ist hier ein Beispiel dafür gegeben, daß Eindringevermögen und Viskosität nicht immer unmittelbar voneinander abhängig sind.

Besser in Bezug auf die Garndaten wirkte sich die Kombination AG'D (D = "wasserlösliches" Fett) aus, wie sie neben dem Rezept AG' auch von der

Garn	Konzentration	Temperatur	Viskosität cP	Vers.-Nr.
Nm 50 roh	A 6,00 kg/100 l G'2,00 kg/100 l D 0,20 kg/100 l	60-65° C		44
	desgl.	80-85° C	94 19*) τ=10 1980	45
Nm 100 roh	A 8,00 kg/100 l G'3,00 kg/100 l D 0,30 kg/100 l	80° C		71

Herstellerfirma dieser Präparate für feinere Garne empfohlen wird. Wir führten insgesamt drei Versuche mit der AG'D-Schlichte und den Rohgarnen Nm 50 und Nm 100 aus. Die Prüfungsergebnisse hinsichtlich Festigkeit und Dehnung seien nachstehend aus Tab. 3, 4, 7 und 8 herausgegriffen.

Versuch	44	45	71
Garn	Nm 50 roh		Nm 100 roh
P_1 : %	130	129	149
P_2 : %	94	92	109
P_3 : %	122	119	163
D_1 : %	63	68	81
D_2 : %	105	88	106
D_3 : %	66	61	86
E:	1/4-1/2	1/4-1/2	--

Die P_1-Werte sowohl bei Nm 50 als auch bei Nm 100 sind für diese Garne durchschnittlich. Bei Garn Nm 50 sind die Zahlen für P_2 mit 94 und 92% in Anbetracht der sehr ungünstigen Ergebnisse, die - im ganzen gesehen - für dieses Garn in Bezug auf die Veränderung des Scheuerwiderstandes durch die Schlichte festgestellt wurden, noch als gut zu bezeichnen. Bei Garn Nm 100 reicht P_2 mit 109% in die Gruppe der für diese Garnnummer erhaltenen Bestwerte. Dementsprechend sind die gefundenen Zahlen für P_3 bei Nm 50 nur

---

*) Gemessen bei 80° C

mäßig befriedigend, bei Nm 100 hingegen ist P_3 = 163% als sehr gut zu bezeichnen. Ein Einfluß der Temperaturvariation ließ sich nicht feststellen.

Auch die Ergebnisse der Dehnungsprüfungen sind bei der Schlichte AG'D günstiger als bei dem Praxisrezept AG'T, trotz des bei den Versuchen 44, 45 und 71 verwendeten schwierigeren Garnmaterials. Der Rückgang der Bruchdehnung spiegelt sich in den D_1-Werten wider, die für Nm 50 durchschnittlich und bei dem Versuch mit Nm 100 (D_1 = 81%) gut waren. Die Zahlen für D_2 als Maß für die Beeinflussung der Dehnung durch das Scheuern sind in zwei der drei Versuchsfälle sogar ausgezeichnet (D_2 = 105 bzw. 106%). Der erstgenannte Wert ist überhaupt ein Höchstwert innerhalb der Versuche mit Nm 50. Die Zahlen für D_3 sind ebenfalls mit 66% für Nm 50 und 86% für Nm 100 ansprechend. Etwas niedriger liegt D_3 für das bei höherer Temperatur geschlichtete Garn Nm 50.

Fassen wir die Beobachtungen hinsichtlich der Festigkeits- und Dehnungseigenschaften durch die Schlichte AG'D zusammen, so ist das Ergebnis im ganzen zufriedenstellend. Ein Vergleich mit der einfachen Schlichte AG' verbietet sich infolge des verschiedenen Garnmaterials. Die Zugabe der Komponente D erfolgte bei den feineren Garnen gemäß Anraten des Schlichtemittelherstellers.

Die Viskosität der Schlichte AG'D bewegte sich bei 80° C zwischen 94 und 19. Das ergibt - in Anbetracht der bereits recht hohen Konzentration (8,2 kg) und des relativ hohen Anteils an Kartoffelstärke (6 kg) - eine nur wenig abfallende Kurve. Sie ist bezeichnend für die Wirkung einer modifizierten Stärke, die, obwohl sie nur im Verhältnis 1:3 der Kartoffelstärke zugesetzt wurde, deren Strukturviskosität sehr stark herabgesetzt hat. Das Eindringevermögen ist gleichmäßig. Sowohl bei der höheren als auch der niedrigen Temperatur hatte die Schlichteflotte den Querschnitt bis zu 1/4 bis 1/2 des Halbmessers durchdrungen. Da die mikroskopische Prüfung an dem Rohgarn (Nm 50) erfolgte und Rohgarne allgemein der Schlichte einen größeren Widerstand entgegensetzen als es gebleichte Garne tun, ist das Eindringevermögen der Schlichte AG'D also durchaus befriedigend, insbesondere, da kein auffälliger Schlichterand, also keine überschüssigen Schlichtereste an der Garnperipherie festzustellen waren.

Das Fehlen eines Schlichteüberschusses an der Garnoberfläche ist zur Vermeidung des unangenehmen "Staubens" der Kette wünschenswert.

Die Schlichte AKF, die ebenfalls neben Kartoffelmehl eine modifizierte Stärke sowie einen Fettkörper enthält, benutzten wir zur Schlichtung der Garne Nm 28 roh und gebleicht und für das Garn Nm 50 roh, jeweils in der gleichen Konzentration und bei gleichbleibender Temperatur.

Forschungsberichte des Wirtschafts- und Verkehrsministeriums Nordrhein-Westfalen

Garn	Konzentration	Temperatur	Viskosität cP		Vers.-Nr.
Nm 28 roh	A 7,00 kg/100 l K 2,00 kg/100 l F 0,40 kg/100 l	85° C	56 $\tau=5$	14 1480	5
Nm 28 gebl.	A 7,00 kg/100 l K 2,00 kg/100 l F 0,40 kg/100 l	85° C			25
Nm 50 roh	A 7,00 kg/100 l K 2,00 kg/100 l F 0,40 kg/100 l	85° C			46

Aus Tabelle 1 - 3 und 5 - 7 seien die zugehörigen P- und D-Werte sowie die Zahlen für das Eindringevermögen angeführt.

Versuch	5	25	46
Garn	Nm 28 roh	Nm 28 gebl.	Nm 50 roh
P_1 : %	135	119	146
P_2 : %	102	113	89
P_3 : %	138	134	130
D_1 : %	78	80	66
D_2 : %	103	102	98
D_3 : %	80	82	65
E:	1/4 - unglm.	1/2	

P_1 ergibt bei dem 28er Rohgarn sowie bei dem gebleichten Garn Nm 28 gute Durschnittswerte. Bei Nm 50 ist P_1 = 146% und damit der Höchstwert bei diesem Garn überhaupt. P_2 ist für das Rohgarn Nm 28 durchschnittlich, während es beim gebleichten Garn als sehr gut anzusprechen ist (113%). Dagegen ist P_2 bei Nm 50 nur als mäßig zu bezeichnen. Demnach ist das Verhalten der Schlichte in Bezug auf Festigkeit und Scheuerwiderstand gut bis sehr gut zu bewerten (Nm 28 roh : 138%, Nm 28 gebl.:134%, Nm 50 roh:130%). Für das gebleichte Garn Nm 28 erreicht P_3 den Höchstwert innerhalb sämtlicher Versuchsergebnisse mit diesem Garn.

Ebenso einheitlich und zufriedenstellend waren die Ergebnisse der Dehnungsprüfungen nach dem Schlichten mit der Flotte AKF. Zwar liegt D_1 für alle drei Versuchsgarne auf Durchschnittshöhe; D_2 hingegen ist für die 28er

Garne sehr beachtlich, weil über 100%, bei Nm 50 gut. So ergaben sich mit D_3 = 80 bezw. 82% für das gröbere Garn sehr gute Bewertungsziffern, während bei Nm 50 die Gesamtwirkung ebenfalls überdurchschnittlich ist. Somit befriedigte die Schlichte AKF hinsichtlich der Garnfestigkeits- als auch der -dehnungseigenschaften.

Die Schlichte AKF besaß geringe Zähigkeit und Strukturviskosität. Die Differenz zwischen dem Anfangs- und Endwert betrug nur 42 (cP = 56 bzw. 14). Diese Dünnflüssigkeit wird wahrscheinlich durch das alkalisch reagierende und damit stärkeabbauende Fett F bedingt. Das Eindringevermögen war bei dem Rohgarn Nm 28 mäßig, bei dem gebleichten Garn Nm 28 dagegen gut (1/2 des Radius'). Allerdings wäre bei der geringen Viskosität und der hohen Temperatur (85°) eine weitgehendere Durchschlichtung, besonders des Rohgarns, zu erwarten gewesen. Dies zeigt - wie bereits schon kurz erwähnt - daß die Viskosität nicht allein maßgebend für das Eindringevermögen einer Schlichte ist. Offenbar spielt dabei auch noch die geschickte Zusammenstellung der Komponenten, deren gute Homogenisierung und Verträglichkeit eine Rolle. Auch die Schlichte AKF zeigte keinen "Schlichterand", die Fadenoberfläche war frei von überschüssigen Schlichteresten.

Das Rezept AJTeOL, das neben Kartoffelmehl eine "lösliche" Stärke (modifizierte Stärke J) und das Fettprodukt Te neben einem Netzmittel (OL) enthält, erprobten wir ebenfalls an den drei Garnen Nm 28 (roh und gebleicht) und Nm 50.

Garn	Konzentration	Temperatur	Viskosität cP	Vers.Nr.
Nm 28 roh	A 5,00 kg/100 l J 2,00 kg/100 l Te 0,40 kg/100 l Ol 0,05 kg/100 l	75° C	τ = 15 44 45 3200	6
Nm 28 gebl.	A 5,00 kg/100 l J 2,00 kg/100 l Te 0,40 kg/100 l Ol 0,05 kg/100 l	75° C		26
Nm 50 roh	A 5,00 kg/100 l J 2,00 kg/100 l Te 0,40 kg/100 l Ol 0,05 kg/100 l	75° C	25 40*) τ =15 3200	47

Diese Versuche lieferten die umstehenden Prüfdaten:

---

*) 3 Std. später gemessen als bei Vers. 6

Versuch	6	26	47
Garn	Nm 28 roh	Nm 28 gebl.	Nm 50 roh
P_1: %	134	115	131
P_2: %	102	102	97
P_3: %	136	117	127
D_1: %	77	86	69
D_2: %	104	95	96
D_3: %	81	82	66
E:	1/3-1/4	1/4	1/4

P_1 bei Nm 28 roh und gebleicht und bei Nm 50 weist auf eine Erhöhung der Reißfestigkeit in einem durchschnittlichen Maße hin. Das Verhalten in Bezug auf den Scheuerwiderstand (P_2) ist bei den Garnen im ganzen gesehen durchschnittlich. Die zusammenfassenden P_3-Werte ergaben bei der Schlichte AJTe01 für alle Garne durchschnittliche bis gute Werte (Nm 28 roh: 136%, Nm 28 gebl.: 117%, Nm 50 roh : 127%).

Auch auf die Dehnungsdaten übte die Schlichte AJTe01 eine zufriedenstellende Wirkung aus. Für D_1 finden wir bei dem gebleichten Garn Nm 28 mit 86% einen sehr guten und für die Rohgarne Nm 28 und Nm 50 überdurchschnittliche Werte. D_2 zeigt für das gröbere Rohgarn mit 104% sogar im ganzen gesehen eine beachtliche Verbesserung des Scheuerwiderstandes in Bezug auf die Dehnung an, während für die Rohgarne nur durchschnittliche Werte erzielt wurden. In D_3 zusammengefaßt ergibt sich für alle Garne eine gute Bewertung der Dehnungsbeeinflussung durch die erprobte Schlichte (D_3 = 81 bzw. 82% bei Nm 28 roh bzw. gebleicht; D_3 = 66% bei Nm 50).

Die Schlichte AJTe01 hatte also sowohl auf die Festigkeits- als auch die Dehnungseigenschaften der geschlichteten Garne eine einheitlich gute Auswirkung.

Ihre Viskosität war bemerkenswert konstant. Auch die absolute Höhe mit cP-Anfangs- und Endwerten von 44 und 45 (bei $\tau = 15 - 3200$; Vers. 6). Die Viskositätskurve zeigt eine Besonderheit (Abb.3)[9]. Sie verläuft nicht von links nach rechts abfallend, sondern beginnt bei einem niedrigen Wert, steigt dann an, erreicht ein Maximum (cP = 80 bei $\tau = 200$) und sinkt dann stetig auf den Endwert von cP = 45 bei $\tau = 3200$ ab. Daß dieser Kurvenverlauf nicht zufällig ist, zeigt die von uns vorgenommene Wiederholung der
(9. Fußnote s.S. 62)

Messung an der gleichen Schlichte drei Stunden später. Anfangs-cP-Wert ist jetzt 25, der Endwert 40 (erhalten bei τ = 15 und 3200). Die letzte Kurve verläuft annähernd parallel zur ersten. Das Maximum liegt ebenfalls bei τ = 200 mit cP = 65. Ein ähnliches Verhalten wurde bei einigen nachfolgend zu besprechenden Mitteln beobachtet. Die Schlichte besaß ein mäßiges Eindringevermögen.

Für sämtliche Garnnummern benutzten wir die Schlichte L - mechanisch aufgeschlossene Stärke - zum Teil bei verschiedenen Temperaturen.

Garn	Konzentration	Temperatur	Viskosität cP	Vers.Nr.
Nm 28 roh	L 7,50 kg/100 l	60-65° C		7
	desgl.	85° C	$\tau_{=5}$ 57 15 990	8
Nm 28 gebl.	L 7,50 kg/100 l	85° C	$\tau_{=5}$ 55 15 741	27
Nm 50 roh	L 7,50 kg/100 l	75° C		48
Nm 100 roh	L 8,00 kg/100 l	65° C		72
	desgl.	85° C	$\tau_{=10}$ 78 16 990	73

Die Ergebnisse der Garnfestigkeits- und Dehnungsprüfungen sowie die Zahlen für das Eindringevermögen sind der folgenden Übersicht zu entnehmen.

Versuch	7	8	27	48	72	73
Garn	Nm 28 roh		Nm 28 gebl.	Nm 50 roh	Nm 100 roh	
P_1 : %	136	132	122	138	129	134
P_2 : %	99	106	106	91	-	88
P_3 : %	133	139	129	126	-	118
D_1 : %	74	68	77	70	73	74
D_2 : %	98	105	101	96	-	99
D_3 : %	72	72	78	67	-	73
						(3Brüche)
E:	1/3-1/2	3/4-4/4	4/4	1/2	1/2-3/4	3/4

---

9. Der übertriebene große Maßstab wurde gewählt, um diese Besonderheit sinnfällig zu machen

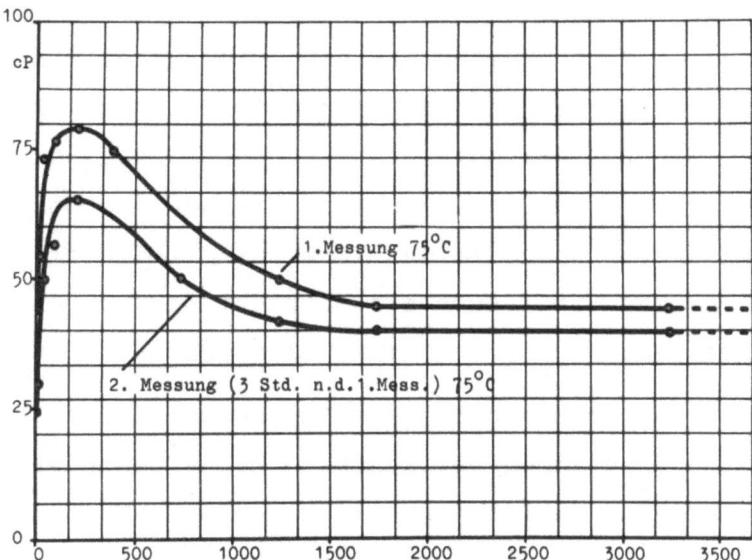

Abbildung 3

Viskosität von Schlichteflotten

5,00 kg/100 l Kartoffelstärke A

2,00 kg/100 l modif. Stärke J

0,40 kg/100 l Fettprodukt Te

0,05 kg/100 l Netzmittel Ol

Die Erhöhung der Bruchlast durch die Schlichte, charakterisiert durch die Zahlen P_1, ergibt sich in einem sehr unterschiedlichen Ausmaß. Sie ist bei dem Rohgarn Nm 28 unter Durchschnitt bis mittelmäßig, beim Rohgarn Nm 100 ebenfalls mittelmäßig. Demgegenüber ergibt sich bei Nm 28 gebl. mit 122% ein Bestwert, bei dem Rohgarn Nm 50 mit 138% ein guter Wert. Die Beurteilung des Scheuerwiderstandes schwankt bei Nm 28 roh zwischen mittel bis gut (P_2 = 99 bzw. 106%) und ist bei den Garnen Nm 28 gebl. und Nm 50 roh durchschnittlich, bei Nm 100 roh unter Durchschnitt. Dementsprechend ergibt sich für die zusammenfassende Kennzahl P_3 nur im Falle des gebleichten Garnes Nm 28 ein guter Wert mit 129%. Alle anderen P_3-Zahlen sind mittelmäßig, bei Nm 100 sogar unter Durchschnitt. Ein deutlicher Einfluß der Temperatur zeigte sich nicht.

Die durch den Schlichteprozeß aufgetretene Dehnungsverminderung ist bei allen Versuchen durchschnittlich. Nur bei Nm 50 ergibt sich mit D_1 = 70% ein sehr guter Wert. Allerdings wird die Dehnung der geschlichteten Garne durch die Scheuerbeanspruchung uneinheitlich beeinflußt (D_2). Bei Nm 28 finden wir je nach angewandter Temperatur einmal einen sehr mäßigen, im anderen Falle einen sehr guten Wert. Fassen wir dies als Streuung nach oben und unten auf, so kann gesagt werden, daß auch die D_2-Zahlen durchweg durchschnittlich hoch liegen. Die zusammenfassenden Zahlen D_3 sind demnach ebenfalls als guter Durchschnitt zu werten, bis auf das Garn Nm 50, bei dem sogar ein Höchstwert innerhalb der Versuche mit diesem Garn in Bezug auf die Dehnung erreicht wird. Auch die Betrachtung der Dehnung ermöglicht keine einheitliche Aussage über den Einfluß der Schlichtetemperatur.

Die Schlichtung mit der mechanisch aufgeschlossenen Stärke L hatte somit - Festigkeit und Dehnung zusammen betrachtet - keine besonders herauszustellende Auswirkung. Sie fiel hinsichtlich der Dehnung besser, hinsichtlich der Festigkeit alles in allem nur mäßig und uneinheitlich aus.

Die modifizierte Stärke L zeigte - entsprechend der geringen Abhängigkeit ihrer Viskosität von der Einwirkung mechanischer Kräfte - einen regelmäßigen Kurvenverlauf bei geringer Zähigkeit und niedriger Strukturviskosität. Bestechend ist dabei der geringe Einfluß der Zeit. So wurde die Flotte mit 7,5 kg/100 l zweimal gemessen; Einmal, wie üblich, nach einer Stunde und erneut nach einer Versuchsdauer von ca. 2 - 3 Stunden. Diese zeitliche Differenz drückt sich praktisch in den cP-Werten nicht aus. Im ersten Versuch erhielten wir cP-Zahlen zwischen 57 und 15, bei der Wiederholung dagegen solche zwischen 55 und 15. Bei der etwas höheren Schlichtekonzentration für das Garn Nm 100 (8 kg/100 l) stiegen die cP-Zahlen kaum erheblich gegenüber denen der geringeren Konzentration an. Lediglich der Anfangswert (cP = 78) liegt um ca. 20 Einheiten höher. Im Verlauf der Kurven verschwinden die Unterschiede aber weitgehend. Der Endwert (cP=16) ist praktisch gleich denjenigen aus den beiden ersten Messungen. Charakteristisch für alle Viskositätskurven der Schlichte L ist ein sehr rascher Abfall auf den Endwert, der bereits bei einer Schubspannung von $\tau = 20$ praktisch erreicht wird. Das Eindringevermögen dieser Schlichte war außerordentlich gut. Das gebleichte Garn Nm 28 war durchgeschlichtet, während die Rohgarne je nach Temperatur die Schlichte bis zu 1/3 - 1/2, 1/2 bzw. 3/4 - 4/4 ihres Halbmessers aufgenommen hatten.

Weiterhin führten wir zwei Versuche durch, bei welchen wir - des besseren Eindringevermögens wegen und für die feineren Garne - der Schlichte L das Netzmittel U zusetzten.

Garne	Konzentration	Temperatur	Viskosität	Vers.Nr
Nm 50 roh	L 8,00 kg/100 l U 0,04 kg/100 l	65° C	114 32 τ=10 1230	49
Nm 100 roh	L 8,00 kg/100 l U 0,04 kg/100 l	65° C		74

Aus diesen Versuchen resultierten die nachfolgenden Prüfergebnisse.

Versuch	49	74
Garn	Nm 50 roh	Nm 100 roh
P_1 : %	133	88
P_2 : %	93	104
P_3 : %	123	91
D_1 : %	73	80
D_2 : %	92	79
D_3 : %	67	64
		(3 Brüche)
E:	4/4	prakt. 4/4

Wie ersichtlich, ist gegenüber den Versuchen 48 und 73 mit der Schlichte L nunmehr bei Nm 50 mit P_1 = 133% ein geringer, bei Nm 100 mit P_1 = 88% sogar ein auffallender Rückgang festzustellen, daß an der Exaktheit dieser letzten Zahl gezweifelt werden könnte. Dagegen zeigen die P_2-Zahlen, verglichen mit den diesbezüglichen Ergebnissen der Versuche ohne Netzmittel, eine deutliche Verbesserung. Die Werte sind innerhalb der für diese Garne erhaltenen Ergebnisse durchschnittlich. Insgesamt wurde für Nm 50 mit P_3 = 123% ein gutes Ergebnis erhalten, während P_3 = 91% für Nm 100 außer Betracht bleiben soll, weil es beeinflußt wird durch die bereits in ihrer Höhe anzuzweifelnde P_1-Zahl. Jedenfalls ergibt sich vergleichsweise, daß die Zugabe des Netzmittels zur Schlichte L ohne Erfolg geblieben ist und daß - sogar im Gegenteil - ein störender Einfluß sich bemerkbar gemacht hat.

Die Abnahme der Dehnung mit D_1 = 73% für Nm 50 und D_1 = 80% für Nm 100 ist dagegen sehr gering, und die diesbezügliche Auswirkung der Schlichte muß also vergleichsweise als sehr gut bezeichnet werden. Demgegenüber fallen aber die D_2-Zahlen merklich ab. Bei Nm 100 finden wir sogar den niedrigsten Wert dieser Reihe (Fadenbrüche!). D_3 ist bei Nm 50 ein Höchstwert mit 67%, bei Nm 100 demgegenüber schlecht. Verglichen mit der Schlichte L ohne Netzmittelzusatz, ergibt sich im ganzen gesehen eine Verschlechterung der Garndehnungseigenschaften.

Zusammengefaßt war die Auswirkung der Schlichte LU bei dem Garn Nm 50 zufriedenstellend, bei Nm 100 jedoch unbefriedigend. Eine Gesamtbewertung wird dadurch erschwert. Festzustellen aber ist, daß der Zusatz des Netzmittels U keinen Vorteil mit sich gebracht hat.

Die Viskosität dieser Schlichte wird durch den Zusatz des Netzmittels gegenüber derjenigen der ausschließlich mit L angesetzten Flotte kaum verändert. Zwar liegen die cP-Werte (= 114 - 32) höher, doch ist dies wohl nur auf die hier angewandte geringe Temperatur zurückzuführen. In ihrem Verlauf gleichen sich die Viskositätskurven der Schlichten L und LU weitgend.

Das Eindringevermögen hat sich demgegenüber noch weiter verbessert. Beide Rohgarne sind praktisch völlig durchgeschlichtet.

Das Rezept LM' stellt eine Mischung aus zwei modifizierten Stärken dar, die wir an drei Garnen erprobten.

Garn	Konzentration	Temperatur	Viskosität cP	Vers.Nr.
Nm 28 roh	L 4,00 kg/100 l M'2,00 kg/100 l	75° C	-	9
Nm 28 gebl.	L 4,00 kg/100 l M'2,00 kg/100 l	75° C	-	28
Nm 50 roh	L 6,00 kg/100 l M'3,00 kg/100 l	75° C	-	50

Versuch	9	28	50
Garn	Nm 28 roh	Nm 28 gebl.	Nm 50 roh
P_1 : %	140	118	142
P_2 : %	98	112	91
P_3 : %	137	130	130
D_1 : %	83	79	68
D_2 : %	98	102	96
D_3 : %	80	80	65
E:	1/2	4/4	1/4

Wie die vorstehenden Resultate zeigen, sind sowohl bei Nm 28 roh als auch bei Nm 50 roh mit 140 bzw. 142% für P_1 sehr gute Werte erzielt worden. Auch der bei Nm 28 gebl. erhaltene Wert von 118% ist überdurchschnittlich.

Für P_2 ergaben sich gute Durchschnittswerte bei den beiden Rohgarnen (Nm 28:98%, Nm 50:91%), bei dem gebleichten Garn Nm 28 ist mit 112% sogar ein fast an der Spitze liegender Wert festzustellen. Dementsprechnend kennzeichnen die P_3-Werte : 137% für Nm 28 roh, 130% für Nm 28 gebl. und Nm 50 roh, ein vorzügliches Abschneiden der Schlichte LM' in Bezug auf die Festigkeitseigenschaften der Garne.

Auch die Dehnung wird durch LM' in einem Ausmaß beeinflußt, das für die Verwendung dieser Schlichte spricht. D_1 hat bei Nm 28 roh mit 83% einen sehr guten, bei Nm 28 gebl. einen durchschnittlichen und bei Nm 50 roh wieder einen guten Wert. Auch die D_2-Werte sind durchweg durchschnittlich bis gut (D_2 = 102% bei Nm 28 gebl. ist sogar ein Bestwert). D_3 ist mit 80% für Nm 28 roh ein sehr guter Wert. Auch für Nm 28 gebl. und Nm 50 roh sind die zusammenfassenden D_3-Werte überdurchschnittlich. Die Resultate der Festigkeits- und Dehnungsprüfungen ermöglichen also eine einheitlich gute Bewertung der Schlichte LM'.

Die Schlichte LM' hatte aufgrund des fehlenden Netzmittels wieder ein geringeres Eindringevermögen. Dennoch war es im Gesamtvergleich gut. Das gebleichte Garn war durchgeschlichtet, die Schlichtzone bei den beiden Rohgarnen reichte von 1/2 bzw. 1/4 des Halbmessers.

Von Viskositätsmessungen sahen wir bei dieser Mischung aus L und M' ab, da die beiden Reinprodukte L und M' gesondert gemessen wurden und bei ihrer chemischen Ähnlichkeit überraschende Resultate im Hinblick auf Lage und Verlauf der cP-Kurven des Mischrezepts nicht zu erwarten waren.

Die modifizierte Stärke M' wurde ohne Zusatz in den nachstehenden Versuchen verwendet.

Garn	Konzentration	Temperatur	Viskosität	Vers.-Nr.
Nm 28 roh	M' 7,00 kg/100 l	65° C		10
	desgl.	85° C		11
Nm 28 gebl.	M' 7,00 kg/100 l	65° C	10 17 τ=1 1140	29
	desgl.	85° C		30
Nm 50 roh	M' 7,00 kg/100 l	60-65° C		51
	desgl.	85° C		52

Nachstehend als Auszug aus den Tabellen die Ergebnisse der Festigkeits- und Dehnungsuntersuchungen sowie der mikroskopischen Prüfung:

Forschungsberichte des Wirtschafts- und Verkehrsministeriums Nordrhein-Westfalen

Versuch	10	11	29	30	51	52
Garn	Nm 28 roh		Nm 28 gebl.		Nm 50 roh	
P_1 : %	141	138	119	121	132	135
P_2 : %	90	103	108	110	100	90
P_3 : %	125	142	128	133	131	122
D_1 : %	90	84	73	78	64	63
D_2 : %	89	100	105	98	98	103
D_3 : %	80	84	77	77	63	65
E:	1/2	3/4-4/4	4/4	4/4	-	-

Für P_1 erhielten wir mit 141 bzw. 138% bei Nm 28 roh, 121% bei Nm 28 gebl. und 135% bei Nm 50 roh, in den beiden letztgenannten Fällen bei 85° C, ausgezeichnete Werte. Aber auch die restlichen beiden Versuche, nämlich Nm 28 gebl. und Nm 50 roh bei 60-65° C zeigen für P_1 gute Durchschnittszahlen.

Ähnlich gut ist das Bild für P_2. Hier finden sich mit 103% bei Nm 28 roh, mit 108 bzw. 110% bei Nm 28 gebl. und mit 100% bei Nm 50 roh vorzügliche Ergebnisse. Dagegen sind die P_2-Werte für Nm 28 bei tieferer sowie für Nm 50 bei höherer Temperatur nur mäßig. Dementsprechend ergeben sich bei Nm 28 roh, 85° C, Nm 28 gebl. bei beiden Temperaturen sowie bei Nm 50 roh bei 60-65° C für P_3 sehr gute Zahlen (142%, 128 bzw. 133% und 131%). Demgegenüber ist P_3 für die Versuche mit Nm 28 roh und 65° C bzw. mit Nm 50 roh und 85° C nur mäßig bis durchschnittlich. Im ganzen gesehen sind die Festigkeitsresultate der mit der Schlichte M' behandelten Garne ermutigend. Der Einfluß der Schlichtetemperatur war nicht einheitlich. Bei dem gröberen Garn war die höhere, bei dem feineren die niedrigere Temperatur wirksamer.

Nicht einheitlich waren die Dehnungswerte der mit M' geschlichteten Garne. D_1 hatte bei Nm 28 roh Bestwerte (90 und 84%), bei Nm 28 gebl. einen schlechteren und einen durchschnittlichen Wert und bei Nm 50 durchschnittliche Werte aufzuweisen. Was die Beeinflussung des Scheuerwiderstandes hinsichtlich der Erhaltung der Dehnungseigenschaften angeht, war die Auswirkung der Schlichte M' bis auf einen Fall (Nm 28 roh bei 60-65° C mit 89%) sehr bemerkenswert. In drei Fällen ergaben sich Werte, die 100% und darüber betrugen, bei Garn Nm 28 gebl. und 60-65° C sogar ein Höchstwert von 105%. D_3 hat demensprechend für Nm 28 roh mit 80 und 84% ausgezeichnete, für Nm 50 gute und für Nm 28 gebl. weniger befriedigende Werte.

Betrachten wir zusammengefaßt die Auswirkung der Schlichte M' sowohl auf die Festigkeits- als auch auf die Dehnungseigenschaften der geschlichteten Garne, so ist zu sagen, daß sie sich in beiden Richtungen bei den Rohgarnen als vorteilhaft erwiesen hat. Bei dem gebleichten Garn wurde das gute Ergebnis der Festigkeitsuntersuchungen durch vergleichsweise unterdurchschnittliche Restdehnungen der geschlichteten und gescheuerten Garne abgeschwächt.

Minimale Zähigkeit und geringe Strukturviskosität zeichnen die Schlichte M' aus (vergl.Abb. 2 untere Kurve). Die Unterschiede zwischen dem ersten meßbaren und dem letzten konstantbleibenden cP-Wert (10 und 17) sind für eine Schlichte verschwindend gering. Auch die Viskositätskurve der Schlichte M' hat den bereits bei anderer Gelegenheit (Schlichte AJTeOl) gezeigten und von dem üblichen abweichenden Verlauf mit einem minimalen Anfangswert, einem Ansteigen auf ein Maximum (cP = 18) und einem Abfall auf den Grenzwert (cP = 17). Das gute Eindringevermögen steht im Einklang mit dieser flachen Viskositätskurve. Die mikroskopische Prüfung des gebleichten Garns zeigte eine völlige Durchschlichtung, während das Rohgarn je nach Temperatur bis 1/2 bzw. 3/4 bis 4/4 des Radius' durchgeschlichtet war. Das Viskositätsverhalten dieser Schlichte ist charakteristisch für ein modernes modifiziertes Stärkeprodukt, dessen Zähigkeit nahezu unabhängig von mechanischer Beeinflussuung ist. Bereits in der Schlichte L haben wir einen Vertreter dieser Produkte kennengelernt.

Eine Variation des vorbeschriebenen Rezeptes wurde dadurch erreicht, daß wir dem Produkt M' Kartoffelmehl in doppelter Menge zusetzten, wie die nachstehende Aufstellung zeigt.

Garn	Konzentration	Temperatur	Viskosität cP		Vers.Nr.
Nm 28 roh	A 4,00 kg/100 l M'2,00 kg/100 l	75° C			12
Nm 28 gebl.	A 4,00 kg/100 l M'2,00 kg/100 l	75° C	137 τ=10	28 1240	31
Nm 50 roh	A 6,00 kg/100 l M'3,00 kg/100 l	75° C			53

Nachstehend die Festigkeits- und Dehnungsdaten sowie die Zahlen für das Eindringevermögen.

Versuch	12	31	53
Garn	Nm 28 roh	Nm 28 gebl.	Nm 50 roh
P_1 : %	132	118	136
P_2 : %	100	103	92
P_3 : %	131	121	124
D_1 : %	83	83	65
D_2 : %	94	89	101
D_3 : %	77	75	66
E:	1/2	3/4-4/4	1/3-1/2

Wir erhielten als P_1-Zahlen für Nm 28 roh einen mäßigen Wert, für Nm 28 gebl. mit 118% einen guten und für Nm 50 roh mit 136% sogar einen sehr guten Wert. Dagegen enthalten die P_2-Zahlen bei allen drei Garnen keine überdurchschnittlichen Ergebnisse. Die P_3-Zahlen sind demnach nicht besonders bemerkenswert.

D_1 zeichnet sich bei den beiden 28er Garnen durch gute Werte (83%) aus, liegt dagegen bei Nm 50 in durchschnittlicher Höhe. Der Scheuerwiderstand scheint aber uneinheitlich beeinflußt worden zu sein. Die D_2-Zahlen sind für die Garne Nm 28 nur mittelmäßig bis gering, dagegen für Nm 50 mit 101% günstig. Daraus ergibt sich, daß das gröbere Garn hinsichtlich des zusammenfassenden Dehnungswertes D_3 nur durchschnittlich, das gebleichte Garn sogar schlecht (75%) abschneidet, während das Garn Nm 50 mit D_3 = 66% einen sehr guten Effekt aufzuweisen hat.

Fassen wir die Resultate der Festigkeits- und Dehnungsprüfungen zusammen, so ist der Erfolg der Schlichte AM' nicht überzeugend. Gegenüber der Verwendung der Schlichte M' ohne Zusatz, hat sich der Effekt im ganzen gesehen deutlich verschlechtert, vor allen Dingen bei den gröberen Garnen.

Die Viskosität der Schlichte AM' ist - bedingt durch den hohen Zusatz an Kartoffelstärke - gegenüber dem reinen Produkt M' angestiegen. Die cP-Werte bewegen sich zwischen 137 und 28. Der Kurvenverlauf ist normal, d.h. er zeigt einen mehr oder weniger stetigen Abfall der cP-Werte mit zunehmenden Schubspannungen. (S. Abb. 2 mittlere Kurve). Das Eindringevermögen dieser Schlichte ist etwas geringer als das des reinen Produktes M'. Die mikroskopische Prüfung lieferte für E Ziffern von 1/3 - 1/2 bzw. 1/2 für die Rohgarne und 3/4 - 4/4 für das gebleichte Garn.

Auch die Viskositätskurve für AM' ist insofern für ähnlich zusammengesetzte Schlichten charakteristisch, als hier durch einen relativ geringen Zusatz der modifizierten Stärke die hohe Strukturviskosität der nativen Stärke gebrochen wird und die Schlichteflotte gegenüber äußeren Einflüssen eine relativ flache Abhängigkeit erhält, die für die Praxis vorteilhaft ist. Die Schlichte AM' gleicht sich in dieser Hinsicht und auch in Bezug auf den Absolutwert der Viskosität der Flotte M' weitgehend an.

Eine dem Produkt M' chemisch verwandte Schlichte ist das Präparat M, das wir ebenfalls - allerdings hier in dem Verhältnis 1 : 3 mit Kartoffelstärke gemischt - benutzten. Wir setzen es nur für die gröberen Garne ein und variierten bei Nm 28 gebl. die Temperatur.

Garn	Konzentration	Temperatur	Viskosität cP	Vers.-Nr.
Nm 28 roh	A 4,50 kg/100 l M 1,50 kg/100 l	85° C	81 13 $\tau=5$ 740	13
Nm 28 gebl.	A 4,50 kg/100 l M 1,50 kg/100 l	65° C		32
	desgl.	85° C		33

Versuch	13	32	33
Garn	Nm 28 roh	Nm 28 gebl.	
P_1 : %	133	115	120
P_2 : %	105	107	106
P_3 : %	138	123	127
D_1 : %	57	81	81
D_2 : %	103	97	98
D_3 : %	59	79	80
E :	-	1/2	4/4

Die P_1-Zahlen waren durchschnittlich für die Versuche 13 und 32 (Nm 28 roh, 85° C und Nm 28 gebl., 65° C). Dagegen erzielten wir bei Versuch 33 (Nm 28 gebl., 85°C) einen sehr guten Wert (120 %). Ebenfalls bei der hohen Temperatur lag ein ausgezeichneter Wert für P_2 vor, hier mit 105 % allerdings für das Garn Nm 28 roh.

Die beiden P_2-Werte für Nm 28 gebl. - sowohl bei 65° C als auch bei 85°C - waren durchschnittlich. Für P_3 ergab sich bei Nm 28 gebl. und 85° C der beachtliche Wert von 127 %. Die aus Versuch 13 und 32 erhaltenen Zahlen (138 % für Nm 28 roh sowie 123 % für Nm 28 gebl.) sind auf den Durchschnitt bezogen gut [10].

D_1 ist bei dem Rohgarn-Versuch sehr schlecht ausgefallen (57 %). Die D_1-Werte beim gebleichten Garn (81 %) sind durchschnittlich. Der D_2-Wert ist für das Rohgarn demgegenüber gut (103 %) und bei dem gebleichten Garn durchschnittlich. D_3 ist stark beeinflußt durch die Höhe der D_1-Zahlen; so ergibt sich für das Rohgarn ein niedriger Wert mit $D_3 = 59$ %, für das gebleichte Gespinst waren Durchschnittswerte zu verzeichnen.

Die Ergebnisse der Festigkeits- und Dehnungsprüfungen entsprechen fast genau denen, die nach dem Schlichten mit reiner Kartoffelstärke (AB; Versuch 1, 19 und 20) erhalten wurden. Die modifizierte Stärke M hat sich kaum durchsetzen können, was offenbar auf den relativ hohen Anteil an Kartoffelstärke zurückzuführen ist. Es haben sich im ganzen gesehen gute Festigkeitsergebnisse, aber wenig zufriedenstellende Dehnungseigenschaften ergeben. Auch hier war der Einfluß verschiedener Temperaturen nicht zu erkennen.

Die Schlichte AM hat die gleichen Viskositätseigenschaften wie sie bei AM' geschildert wurden, d.h. es ist trotz des hohen Gehaltes an Kartoffelstärke nur eine sehr gedämpfte Strukturviskosität festzustellen. Das Eindringevermögen war beim gebleichten Garn bei der höheren Temperatur vorzüglich. Das bei 65° C behandelte Garn war nur zur Hälfte durchgeschlichtet.

In Verbindung mit einem wasserlöslichen Fettprodukt (D) wendeten wir die chemisch aufgeschlossene Stärke N bei allen vier Versuchsgarnen an.

Bezüglich der P_1-Werte ist über diese Schlichteversuche Einheitliches nicht auszusagen. $P_1 = 129$ % für Nm 28 roh stellt innerhalb der Zahlen für dieses Garn einen Mindestwert dar. Bei Nm 28 gebl. sowie Nm 50 roh ist P_1 durchschnittlich. Ein Bestwert konnte dagegen bei Nm 100 roh mit 174 % erhalten werden. In Widerspruch zu dem ungünstigen P_1-Wert bei Versuch 14 mit Garn Nm 28 roh steht der Bestwert von 105 % für P_2 bei dem gleichen Garn. Die übrigen P_2-Zahlen sind bei Nm 28 gebl. und Nm 50 roh mäßig. P_3 ist durchweg durchschnittlich oder mäßig.

---

10. Es sei daran erinnert, daß unsere Begutachtung der Einzelergenisse sich jeweils nur auf den erzielten Durchschnitt innerhalb der Versuche mit einer Garnnummer bezieht

Garn	Konzentration	Temperatur	Viskosität cP	Vers.-Nr.
Nm 28 roh	N 6,50 kg/100 l D 0,20 kg/100 l	85° C		14
Nm 28 gebl.	N 6,50 kg/100 l D 0,20 kg/100 l	60° C	2050 25 τ=74 1300	34
Nm 50 roh	N 8,50 kg/100 l D 0,20 kg/100 l	85° C	520 31 τ=50 1100	54
Nm 100 roh	N 8,50 kg/100 l D 0,20 kg/100 l	85° C		75

Die Versuchsergebnisse sind in der untenstehenden Zusammenstellung angeführt:

Versuch	14	34	54	75
Garn	Nm 28 roh	Nm 28 gebl.	Nm 50 roh	Nm 100 roh
P_1 : %	129	119	134	174
P_2 : %	105	104	95	74
P_3 : %	135	123	127	130
D_1 : %	72	68	50	77
D_2 : %	96	98	103	98
D_3 : %	69	67	52	76
E:	1/4	1/2	-	-

Die D_1-Zahlen für die Veränderung der Bruchdehnung durch die ND-Schlichte fallen schlecht aus, sie sind bestenfalls durchschnittlich, zum Teil sogar sehr niedrig (D_1 = 50 % bei Nm 50 und 68 % bei Nm 28 gebl.). Die Zahlen für D_2 liegen besser und sind von durchschnittlicher Höhe. Bei Nm 50 ergibt sich sogar ein guter Wert (D_2 = 103 %). Dies ändert aber nichts daran, daß das Gesamtergebnis für die Dehnungseigenschaften an Hand der Zahlen D_3 schlecht und bestenfalls durchschnittlich ist. In diesem Sinne führen sowohl die Beobachtungen der Festigkeits- als auch der Dehnungseigenschaften zu der gleichen ungünstigen Beurteilung des geprüften Schlichtemittels.

Ein ähnlich ungünstiges Bild entsteht bei der Betrachtung der Viskositätskurven, die eine hohe Zähigkeit der Schlichte ND anzeigen. Bei zwei verschiedenen Konzentrationen und Temperaturen (6,7 und 8,7 kg/100 l bei 60°C bzw. 85° C) lagen die cP-Werte zwischen 2050 und 25 bzw. 520 und 31. Die beachtlichen Differenzen zwischen Anfangs- und Endwerten zeugen von einer ausgeprägten Strukturviskosität. Dementsprechend ist das Eindringevermögen nur mäßig: E = 1/4 für das rohe, 1/2 für das gebleichte Garn Nm 28.

Das Produkt N' unterscheidet sich von der Schlichte N lediglich durch seine geringere Viskosität. Auch hier wendeten wir zusätzlich das Schlichtefett D an. Für die Garne Nm 28 - nur gebl. - und Nm 100 wählten wir jeweils die angegebene Optimalkonzentration, während für Nm 50 roh mit zwei verschiedenen Schlichtekonzentrationen gearbeitet wurde.

Garn	Konzentration	Temperatur	Viskosität cP	Vers.-Nr.
Nm 28 gebl.	N' 9,00 kg/100 l D 0,20 kg/100 l	60° C	1300 50 τ=75 3000	35
Nm 50 roh	N' 9,00 kg/100 l D 0,20 kg/100 l	85° C		55
	N'12,00 kg/100 l D 0,30 kg/100 l	85° C	2500 28 τ=150 2500	56
Nm 100 roh	N'12,00 kg/100 l D 0,30 kg/100 l	85° C		76

Sämtliche Ergebnisse aus diesen Versuchen führen wir nachstehend an.

Versuch	35	55	56	76
Garn	Nm 28 gebl.	Nm 50 roh		Nm 100 roh
P_1 : %	113	132	133	168
P_2 : %	102	103	74	95
P_3 : %	116	136	98	159
D_1 : %	67	53	66	75
D_2 : %	94	103	84	98
D_3 : %	63	55	55	73
			(4 Brüche)	(6 Brüche)
E :	1/4-1/2	1/4	-	-

Die prozentuale Erhöhung der Bruchlast - ausgedrückt durch die Zahlen P_1 - war bei dem Garn Nm 28 gebl. gering. Sie lag bei Nm 50 roh innerhalb des Durchschnittsbereiches, während bei dem Garn Nm 100 roh mit 168 % ein Bestwert erreicht werden konnte. P_2 = 102 % ist innerhalb der Versuche mit dem Garn Nm 28 gebl. sehr niedrig. Dagegen war das Ergebnis bei Nm 50 roh für die geringe Konzentration mit 103 % ausgezeichnet. Die hohe Konzentration bei dem gleichen Garn ergab überraschenderweise wieder einen der niedrigsten Werte überhaupt (74 %). Der Scheuerwiderstand ist also gegenüber dem unbehandelten Material stark herabgesetzt worden, was sich auch in der Tatsache widerspiegelt, daß das mit N'D geschlichtete Garn bei der Behandlung auf dem Litzenscheuerprüfgerät Brüche erlitt. P_2 für Nm 100 roh ist ein Durchschnittswert. P_3 ist somit nicht einheitlich ausgefallen. Während sich für Nm 50 und Nm 100 mit 136 und 159 % sehr gute Werte innerhalb der Versuche mit diesen Garnen ergeben, war das Resultat für Nm 28 gebl. (116 %) nur mäßig und für Nm 50 bei der hohen Konzentration ausgesprochen gering. Ein Widerspruch besteht in der Tatsache, daß bei den Versuchen an Nm 100 sowohl bei P_1 als auch bei P_3 Bestwerte festzustellen sind, während gleichzeitig beim Scheuern sechs Brüche auftraten. Bei Nm 50 hat sich die niedrige Konzentration als deutlich vorteilhafter erwiesen.

Die nach dem Schlichten verbliebene Bruchdehnung D_1 war bei den Garnen Nm 28 gebl. und Nm 50 sehr niedrig (67 bzw. 53 %), soweit bei dem letztgenannten Garn die geringe Konzentration angewandt worden war. Bei der höheren Konzentration war D_1 für das Garn Nm 50 ebenso wie für Nm 100 durchschnittlich. D_2 fiel ganz uneinheitlich aus. So trat z.B. bei Nm 50 je nach Konzentration neben einem sehr schlechten Wert (84 %) sehr guter mit 103 % auf. D_2 ist für Nm 100 durchschnittlich, für Nm 28 gebl. schlecht.

Die zusammenfassenden D_3-Werte sind niedrig. Nur bei Nm 100 wird eine Zahl von durchschnittlicher Höhe erreicht. Erwähnt wurden bereits die bei den Versuchen 56 und 76 aufgetretenen Fadenbrüche beim Scheuern der Garne.

Die Schlichte N'D hat also insbesondere in Bezug auf die Dehnungseigenschaften der mit ihr behandelten Garne ansprechende Ergebnisse nicht zu erzielen vermocht. Die Resultate der Festigkeitsprüfungen waren ebenfalls nicht einheitlich.

Zähigkeit und Strukturviskosität der Schlichte N'D sind ausgeprägt und hoch. Die cP-Werte liegen je nach Konzentration und Temperatur zwischen 1300 und 50 bzw. 2500 und 28. Das Eindringevermögen ist mäßig, selbst bei dem gebleichten Garn.

Aus einer chemisch modifizierten Stärke sowie einem auswaschbaren Fettprodukt auf Talgbasis besteht die Schlichte YH, die wir nur für die beiden feinsten Garnnummern verwendeten.

Garn	Konzentration	Temperatur	Viskosität cP	Vers.-Nr.
Nm 50 roh	Y 8,00 kg/100 l H 0,30 kg/100 l	70-75° C	34 13*) τ=2,5 740	57
Nm 100 roh	Y 8,00 kg/100 l H 0,30 kg/100 l	70-75° C		77

Die Versuchsergebnisse folgen nachstehend.

Versuch	57	77
Garn	Nm 50 roh	Nm 100 roh
P_1 : %	111	119
P_2 : %	74	88
P_3 : %	82	105
D_1 : %	55	72
D_2 : %	80	93
D_3 : %	44	67
	(6 Brüche)	(6 Brüche)
E:	1/4	-

Die beiden P_1-Zahlen sind sehr niedrig, im Falle des Garnes Nm 50 ist der Wert von 111% sogar für dieses Garn überhaupt der niedrigste. Das gleiche gilt für P_2. Auch hier ist die Zahl 74 % für Nm 50 die niedrigste, die vorkommt. Entsprechend liegen die Verhältnisse bei P_3, wobei sich für das Garn Nm 50 die geringste bei diesem Garn erhaltene Restfestigkeit nach dem Schlichten und Scheuern ergibt (82 %) und für das 100er Garn ein nur geringer Wert erreicht wird. Die unbefriedigenden Festigkeiten der geschlichteten Garne sind auch durch die auftretenden Fadenbrüche beim Scheuern gekennzeichnet.

---

*) Gemessen bei 70° C

Auch die Dehnungsprüfungen hatten keine guten Ergebnisse. Die Bruchdehnung hatte nach dem Schlichten bei Nm 50 stark abgenommen (D_1 = 55 %), bei Nm 100 blieb der Verlust in durchschnittlicher Höhe. Der Scheuerverlust an Dehnung war in beiden Fällen überdurchschnittlich, bei Nm 50 erreichte D_2 sogar einen Niedrigstwert von 80 %. Auch die zusammenfassende Zahl D_3 erreichte bei Nm 50 einen Minimalwert (44 %), Bei Nm 100 erhielten wir für D_3 eine durchschnittliche Zahl.

Bei beiden Garnen traten Fadenbrüche beim Scheuern auf. Unsere Versuche mit der Schlichte YH sind also hinsichtlich der technologischen Daten der geschlichteten Garne nicht günstig ausgefallen.

Trotz niedriger Zähigkeit und praktisch fehlender Strukturviskosität war das Eindringevermögen der Schlichte YH wenig befriedigend. Die geschlichtete Zone erstreckte sich bei dem Rohgarn Nm 50 über 1/4 des Halbmessers.

Mit der Schlichte AQ wurde ein Präparat, das aus den Samen des Johannisbrotes gewonnen wird (Q) in Verbindung mit Kartoffelstärke erprobt, wobei für das Garn Nm 100 eine stärkere Konzentration gewählt wurde.

Garn	Konzentration	Temperatur	Viskosität cP	Vers.Nr.
Nm 28 roh	A 4,50 kg/100 l Q 0,78 kg/100 l	70° C	68 31 τ=10 2500	15
Nm 28 gebl.	A 4,50 kg/100 l Q 0,78 kg/100 l	70° C		36
Nm 50 roh	A 4,50 kg/100 l Q 0,78 kg/100 l	70° C		58
Nm 100 roh	A 6,00 kg/100 l Q 1,00 kg/100 l	75° C		78

P_1 liegt bei dem Garn Nm 28 roh unter Durchschnitt, während für alle anderen Garne P_1 durchschnittlich ist. P_2 ist bei den verschiedenen Garnen unterschiedlich, für alle Rohgarne sind die Werte niedrig und zum Teil ganz unbefriedigend (P_2 = 74 % für Nm 100). Das gebleichte Garn Nm 28 ergab dagegen mit P_2 = 109 % einen Bestwert.

Zusammenfassend ist für P_3 zu sagen, daß bei Nm 28 roh mit 105 % der niedrigste Wert dieser Reihe, bei Nm 28 gebl. mit 126 % ein guter Durchschnittswert, bei Nm 50 und Nm 100 nur mäßig hohe Werte erreicht werden. Nachstehend die Prüfergebnisse.

Versuch	15	36	58	78
Garn	Nm 28 roh	Nm 28 gebl.	Nm 50 roh	Nm 100 roh
P_1 : %	133	116	124	147
P_2 : %	91	109	88	74
P_3 : %	105	126	109	108
D_1 : %	74	91	62	74
D_2 : %	87	94	96	85
D_3 : %	65	86	60	63
	(5 Brüche)			(8 Brüche)
E:	1/2	1/2	-	-

Ein ähnliches Ergebnis erbrachte die Dehnungsprüfung. D_1 ist bei den Rohgarnen durchschnittlich, bei Nm 28 gebl. wurde dagegen der Höchstwert (91 %) dieser Reihe erhalten. D_2 war durchweg wenig befriedigend. Bei Nm 28 roh und Nm 100 waren sogar mit 87 bzw. 85 % Tiefstwerte zu verzeichnen. Bei diesen Garnen traten auch Brüche beim Scheuern auf. Bei Nm 28 gebl. und Nm 50 ergaben sich Durchschnittswerte.

Zusammengefaßt ist analog zu der Feststellung in Bezug auf die Festigkeitsdaten zu sagen, daß die Schlichte AQ bei den Rohgarnen schlecht abgeschnitten hat, während bei dem gebleichten Garn mit D_3 = 86 % ein zufriedenstellendes Resultat erzielt werden konnte.

Das viskosimetrische Verhalten der Schlichte AQ ist recht interessant. Neben einem überwiegenden Anteil an Kartoffelmehl (4,5 kg/100 l) enthielt das Rezept nur 0,78 kg des Präparates auf der Basis von Johannisbrotkernmehl. Dennoch ist die Viskosität der Flotte verhältnismäßig niedrig. Der erste cP-Wert beträgt 68, nach einem kurzen Abfall auf 55 erfolgt ein Ansteigen auf cP = 85 und ein weiteres langsames Absinken auf den Endwert cP = 31. Die Differenzen sprechen von niedriger Strukturviskosität. Der unregelmäßige, wellenartige Verlauf der Kurve scheint durch das Produkt Q bedingt zu sein, das trotz seines geringen Anteils maßgebend für das Viskositätsverhalten der Flotte ist. Das Eindringevermögen dieser Schlichte war gut, sowohl für das gebleichte Garn als auch für das Rohgarn Nm 28.

Mit dem Rezept AIE wurde erstmalig in dieser Studie eine Eiweißschlichte in Kombination mit Kartoffelmehl (A) und dem für dieses Rezept speziell vorgeschriebenen Schlichtefett E erprobt.

Das Rezept wurde mit für die einzelnen Garne unterschiedlichen Konzentrationen, bei Nm 28 gebl. auch bei zwei Temperaturen angewandt.

Garn	Konzentration	Temperatur	Viskosität cP	Vers.-Nr.
Nm 28 roh	A 5,00 kg/100 l I 0,40 kg/100 l E 0,125 kg/100 l	85° C	600 21 $\tau=50$ 1000	16
Nm 28 gebl.	A 5,00 kg/100 l I 0,40 kg/100 l E 0,125 kg/100 l	65° C		37
	desgl.	85° C		38
Nm 50 roh	A 8,00 kg/100 l I 1,00 kg/100 l E 0,20 kg/100 l	85° C	700 73 $\tau=50$ 3500	59
Nm 100 roh	A 9,00 kg/100 l I 2,50 kg/100 l E 0,20 kg/100 l	85° C	900 79 $\tau=50$ 3500	79

Versuch	16	37	38	59	79
Garn	Nm 28 roh	Nm 28 gebl.	Nm 28 gebl.	Nm 50 roh	Nm 100 roh
P_1 : %	131	116	119	126	142
P_2 : %	96	101	106	84	83
P_3 : %	125	117	127	106	118
D_1 : %	69	82	82	54	70
D_2 : %	99	95	98	104	89
D_3 : %	68	77	81	56	62
					(8 Brüche)
E:	1/4-1/2	1/2	-	3/4-4/4	1/2-3/4

Sämtliche P-Zahlen für die mit dieser Schlichte behandelten Garne sind niedrig oder mäßig mit Ausnahme der Werte, die für das Garn Nm 28 gebl. bei hoher Temperatur erhalten wurden. Hier fanden wir mit 119 % für P_1 einen guten, mit 106 für P_2 einen mittleren und in der Gesamtbeurteilung für P_3 sogar einen sehr beachtlichen Wert (127 %).

Ähnliches ist auch für die Dehnung zu sagen. Allerdings wurden hier für Nm 28 gebl. bei der höheren Temperatur nur Durchschnittswerte erreicht, während das Ergebnis der Dehnungsprüfung bei allen anderen Versuchen, mit einer Ausnahme: 104 % bei Nm 50, unbefriedigend war. Bei Nm 100 traten bei der Scheuerung Fadenbrüche auf.

Die Schlichte AIE war also bei unseren Versuchen nur bei dem gebleichten Garn von befriedigender Wirkung.

Sie wies zudem eine bedeutende Strukturviskosität auf. Die Anfangs-cP-Werte lagen bei verschiedenen Konzentrationen bei 600, 700 und 900, während die entsprechenden Endwerte 21, 73 und 79 betrugen. Allerdings kam die relativ hohe Strukturviskosität nur bei sehr geringen Schubspannungen zum Vorschein. Der Endwert wurde rasch erreicht; damit verläuft der größte Teil der Kurven relativ flach. Insgesamt gesehen zeigte die Schlichte AIE ein befriedigendes Eindringevermögen.

ASR ist eine Schlichte, die in ihrer chemischen Zusammensetzung Ähnlichkeit mit der vorangehenden Kombination besitzt, wobei S wiederum für einen Eiweißkörper und R für eine Mischung von Ölen, Fetten und Wachsen steht. Die Konzentration wurde für die Garne feinerer Nummern etwas höher gewählt als für die mit gröberen. Bei Nm 28 gebl. wurden zwei Schlichtetemperaturen angewendet.

Garn	Konzentration	Temperatur	Viskosität cP	Vers.-Nr.
Nm 28 roh	A 8,00 kg/100 l S 0,60 kg/100 l R 0,50 kg/100 l	85° C	670 49 τ=50 2700	17
Nm 28 gebl.	A 8,00 kg/100 l S 0,60 kg/100 l R 0,50 kg/100 l	65° C		39
	desgl.	85° C		40
Nm 50 roh	A 9,50 kg/100 l S 1,00 kg/100 l R 0,80 kg/100 l	85° C		60
Nm 100 roh	A 9,50 kg/100 l S 1,00 kg/100 l R 0,80 kg/100 l	85° C		80

Die nachfolgende Aufstellung (s.S. 81) enthält die Resultate der Garnprüfungen.

Mit Ausnahme der Ergebnisse beim Garn Nm 50, die wenig bemerkenswert für sämtliche P-Zahlen sind (bei den Scheuerungen sind auch Brüche aufgetreten), finden sich bei allen Bewertungszahlen Höchst- und Bestwerte. Bei Nm 28 roh und gebl. sind die P_1-Werte mit 145 und 122 bzw. 120 % ausgezeichnet. Auch P_1 = 146 % für Nm 100 ist noch ein guter Mittelwert. Für P_2

Forschungsberichte des Wirtschafts- und Verkehrsministeriums Nordrhein-Westfalen

Versuch	17	39	40	60	80
Garn	Nm 28 roh	Nm 28 gebl.		Nm 50 roh	Nm 100 roh
P_1 : %	145	122	120	134	146
P_2 : %	104	106	102	74	108
P_3 : %	152	129	123	100	158
D_1 : %	80	79	78	64	94
D_2 : %	98	102	101	85	97
D_3 : %	78	81	80	55	91
				(3 Brüche)	
E:	1/3	Rd.-1/4	1/2	1/4	-

wurden Bestwerte mit 104 % bei Nm 28 roh und 108 % bei Nm 100 erhalten. Dagegen war P_2 für die drei übrigen Versuche sehr mäßig. P_2 = 74 % bei Nm 50 roh ist einer der niedrigsten Werte überhaupt. Dementsprechend schneiden die Garne Nm 28 roh mit P_3 = 152 %, Nm 28 gebl. mit 129 % und Nm 100 mit 158 % in der Zusammenfassung ausgezeichnet ab, während das Garn Nm 50 eine geringe P_3-Zahl aufweist und dem Garn Nm 28 gebl. bei höherer Temperatur auf Grund des niedrigen P_2-Wertes nur eine mittlere P_3-Bewertungsziffer zugestanden werden kann. Die Gegenüberstellung der Festigkeitsergebnisse bei Garn Nm 28 gebl. für beide Temperaturen spricht zugunsten der niedrigeren, wobei allerdings gesagt werden muß, daß der Unterschied der erhaltenen Zahlen nicht unbedingt überzeugend ist.

Weniger gut sind die Ergebnisse der Dehnungsprüfung. Allerdings konnte bei dem feinen Garn Nm 100 mit D_1 = 94, D_2 = 97 und D_3 = 91 % ein beachtliches Ergebnis erzielt werden. In allen anderen Fällen dagegen waren die D-Zahlen nur durchschnittlich, bei Nm 50 sogar schlecht (D_3 = 55 %; Fadenbrüche beim Scheuern).

Die Eiweißschlichte ASR hat also hinsichtlich der Dehnung weniger befriedigt, während die Festigkeitseigenschaften sehr beachtlich waren.

In ihrer Viskosität gleicht diese Schlichte weitgehend dem Produkt AIE. Ihr Eindringevermögen war hingegen geringer.

Die weiterhin erprobte Schlichte AZH ist in ihrer Zusammensetzung den beiden letztbehandelten ähnlich, wobei Z wieder ein Eiweißpräparat, H ein Fett auf Talgbasis ist.

Garn	Konzentration	Temperatur	Viskosität cP	Vers.-Nr.
Nm 50 roh	A 7,00 kg/100 l Z 1,50 kg/100 l H 0,30 kg/100 l	65° C		61
Nm 100 roh	A 7,00 kg/100 l Z 1,50 kg/100 l H 0,30 kg/100 l	70-75° C	260 38*) τ=24 1700	81

An Versuchsmaterial wählten wir hier nur die beiden feineren Rohgarne.

Versuch	61	81
Garn	Nm 50 roh	Nm 100 roh
P_1 : %	127	135
P_2 : %	98	107
P_3 : %	123	144
D_1 : %	61	62
D_2 : %	97	114
D_3 : %	59	74
E:	1/4-Rd	-

Die Erhöhung der Festigkeit und damit der P_1-Werte war mittelmäßig bzw. durchschnittlich. Gegenüber dem Scheuerwiderstand des Kontrollgarnes war bei dem 50er Garn eine geringe Verschlechterung, dagegen beim 100er Garn eine beachtliche Verbesserung festzustellen. Die Betrachtung von Festigkeit und Scheuerwiderstand zeigt in P_3 mittelmäßige bis gute Durchschnittswerte (123 bzw. 144 %).

Die Werte für die Dehnung waren im ganzen gesehen wenig interessant. D_1 ist mit 61 bzw. 62 % niedrig. D_2 erreicht bessere Werte, bei Nm 100 sogar einen Höchstwert innerhalb der Versuchsreihe mit diesem Garn. Dennoch ist D_3 für das 50er Garn mit 59 % niedrig, bei dem 100er Garn mit 74 % nur durchschnittlich.

Die Schlichte AZH ist also nach den Ergebnissen der an den feineren Garnen durchgeführten Versuche durchschnittlich.

*) gemessen bei 70° C

Sie entspricht in ihrem Eindringevermögen etwa dem vorher behandelten Produkt ASR. Dagegen besitzt sie die niedrigste Viskosität von den drei geprüften Eiweißschlichten.

Bei der nächsten Zusammenstellung AP' wurde ein Zellulosederivat mit nativer Stärke für alle vier Testgarne eingesetzt.

Garn	Konzentration	Temperatur	Viskosität cP	Vers.-Nr.
Nm 28 roh	A 4,00 kg/100 l P' 2,00 kg/100 l	85° C	73 16 τ=5 900	18
Nm 28 gebl.	A 4,00 kg/100 l P' 2,00 kg/100 l	85° C		41
Nm 50 roh	A 6,00 kg/100 l P' 3,00 kg/100 l	85° C		62
Nm 100 roh	A 6,00 kg/100 l P' 3,00 kf/100 l	85° C		82

Der Auszug aus den Tabellen 1 - 4 sowie die Ziffern für das Eindringevermögen seien nachfolgend angeführt und besprochen.

Versuch	18	41	62	82
Garn	Nm 28 roh	Nm 28 gebl.	Nm 50 roh	Nm 100 roh
P_1 : %	139	120	131	142
P_2 : %	101	105	111	83
P_3 : %	141	125	145	118
D_1 : %	64	78	62	67
D_2 : %	97	99	96	89
D_3 : %	61	78	59	60
				(7 Brüche)
E:	1/2	3/4	1/2	-

Es zeigten sich - was die Erhöhung der Festigkeit nach dem Schlichten angeht - beim 28er Garn roh und gebl. mit 139 und 120 % sehr gute Werte. Auch für die feineren Rohgarne war P_1 zufriedenstellend. Der Scheuerwiderstand hatte sich gegenüber dem ungeschlichteten Material bei beiden 28er Garnen leicht verbessert, dagegen stieg er bei Nm 50 bis auf den

Höchstwert von 111% an. Eine sichtbare Verschlechterung gegenüber dem Kontrollgarn war für P_2 nur bei dem Rohgarn Nm 100 mit 83 % eingetreten, hier waren 7 bei der Scheuerung aufgetretene Fadenbrüche in die Bewertung einzubeziehen. Deshalb war die Gesamtbeurteilung P_3 für das 100er Garn auch nur sehr mäßig. Dagegen zeigten die beiden übrigen Rohgarne Nm 28 und Nm 50 mit 141 bzw. 145 % wieder Bestwerte. Für das gebleichte Garn Nm 28 war P_3 immerhin noch ein guter Wert (125 %). Der Zelluloseäther P' in Verbindung mit der doppelten Menge Kartoffelstärke bewährte sich also bei den drei gröberen Garnen in Bezug auf die Festigkeit in zufriedenstellender Weise.

Ein weniger gutes Ergebnis zeigten die Dehnungsprüfungen. Bei dem 28er Rohgarn waren alle D-Werte schlecht. Dasselbe ist für das 100er Rohgarn zu sagen, bei dem bei der Scheuerung auch Fadenbrüche auftraten. Auch bei den anderen Garnen, nämlich Nm 28 gebl. und Nm 50 roh sind die D-Zahlen bestenfalls als durchschnittlich zu bezeichnen. D_3 betrug 61 % bei Nm roh, 78 % bei Nm 28 gebl., 59 % bei Nm 50 und 60 % bei Nm 100.

Die Schlichte AP' hat also bei unseren Versuchen hinsichtlich der Festigkeit gut, hinsichtlich der Dehnung weniger erfolgreich abgeschnitten.

Auch das Zellulosederivat P' setzt die Strukturviskosität einer nativen Stärkeflotte stark herab und erniedrigt ihre Viskosität erheblich, wie die cP-Werte (73 - 16) für die Schlichte AP' zeigen. Außerdem stellt sich der Endwert bereits bei sehr geringer mechanischer Beanspruchung ein. Das Eindringevermögen der Flotte war gut.

Das Rezept O. das anschließend erprobt wurde, besteht ausschließlich aus einem Präparat auf Zellulosebasis ohne Beimischung eines Zusatzmittels.

Garn	Konzentration	Temperatur	Viskosität cP	Vers.-Nr.
Nm 50 roh	O 5,00 kg/100 l	50° C	78 30 τ=10 2500	63
	desgl.	70° C		64
Nm 100 roh	O 5,00 kg/100 l	50° C	50 23 τ=10 1250	83
	desgl.	70° C		84

Es wurde in Anbetracht eines relativ hohen Preises nur für die beiden feinen Garne verwendet. Dabei arbeiteten wir mit verschiedenen Temperaturen.

Versuch	63	64	83	84
Garn	Nm 50 roh		Nm 100 roh	
P_1 : %	126	114	134	118
P_2 : %	87	90	99	95
P_3 : %	108	102	133	112
D_1 : %	72	72	84	64
D_2 : %	85	92	112	108
D_3 : %	61	65	94	69
				(3 Brüche)
E:	1/3-1/2	1/2-3/4	1/2	1/2-3/4

Die Garnfestigkeiten (P_1) waren bei der geringen Temperatur für beide Garne durchschnittlich. Die Festigkeitszunahme gegenüber dem Kontrollgarn verringerte sich jedoch bei Steigerung der Temperatur auf 70° C auffällig, so daß hierbei für P_1 nur noch uninteressante Werte erreicht wurden. Bei P_2 wirkte sich die Temperatur demgegenüber kaum aus. Doch wurden in allen Fällen im ganzen gesehen nur durchschnittliche Werte erhalten, die sämtlich - beim 50er Garn mehr, beim 100er Garn weniger - auf eine Verringerung des Scheuerwiderstandes, verglichen mit dem ungeschlichteten Garn, hindeuten. Beim 100er Garn und der höheren Temperatur waren beim Scheuern Fadenbrüche in Kauf zu nehmen. Zusammenfassend zeigten die P_3-Werte bei beiden Garnen nur einen mäßigen und durchschnittlichen Schlichteffekt.

Besser konnte die Dehnung der geschlichteten Garne bewertet werden. Bei Nm 50 wurden mit D_1 = 72 % für beide Temperaturen sehr gute Werte hinsichtlich des Rückganges der Dehnung nach dem Schlichten erhalten. Dasselbe gilt für D_1 = 84 % des bei niedriger Temperatur geschlichteten Garnes Nm 100. Der D_1-Wert für Nm 100 und 70° C ist durchschnittlich. D_2 ergab sich für beide Garne uneinheitlich, während das Ergebnis der diesbezüglichen Prüfung an dem Garn Nm 50 niedrig bis durchschnittlich war, waren bei Nm 100 mit 112 bzw. 108 % sehr gute Werte zu verzeichnen. Es ist auch das zusammenfassende Ergebnis D_3 der Dehnungsprüfungen im ganzen betrachtet als durchschnittlich bis sehr gut zu bezeichnen. Bei Nm 50 und 70° C wurden mit 65 % und bei Nm 100 und 50° C mit 94 % Bestwerte erreicht.

Die Ergebnisse der Prüfungen waren somit in Bezug auf die Dehnungsverhältnisse zweifellos interessant, während bei der Festigkeit nur mäßige Resultate zu verzeichnen waren. Die geringere Temperatur scheint sich als vorteilhaft zu erweisen, was insbesondere auch daraus hervorgeht, daß bei dem 100er Garn nur bei 70° C Fadenbrüche auftraten.

Das Zellulosederivat O zeichnet sich durch relativ flache und tiefliegende Viskositätskurven aus (cP : 78 - 30). Allerdings scheint diese Schlichteflotte nicht ganz unabhängig gegenüber zeitlicher Beanspruchung zu sein. Eine Wiederholung der Messungen an der gleichen, aber 4 Stunden länger benutzten Flotte, ergab cP-Werte zwischen 50 und 23, im ganzen also ein deutliches Absinken der Viskosität. Allerdings dürften die absoluten Unterschiede zwischen den beiden Kurven in der Praxis des Schlichtens keine spürbaren Auswirkungen nach sich ziehen. Auch das Produkt O zeigte für die schwierigen feinen Rohgarne ein gutes Eindringevermögen, besonders bei den höheren Temperaturen.

Zwei Äther, nämlich der Stärkeäther V sowie der Zelluloseäther W wurden - wie nachfolgend beschrieben - kombiniert bei den feinen Garnen erprobt.

Garn	Konzentration	Temperatur	Viskosität cP	Vers.-Nr
Nm 50 roh	V 6,00 kg/100 l W 2,00 kg/100 l	70° C	41 25 τ=5 1000	65
Nm 100 roh	V 6,00 kg/100 l W 2,00 kg/100 l	70° C		85

Versuch	65	85
Garn	Nm 50 roh	Nm 100 roh
P_1 : %	129	143
P_2 : %	102	99
P_3 : %	132	140
D_1 : %	61	79
D_2 : %	105	95
D_3 : %	64	76
E :	1/4-1/2	-

Eine durchschnittlich gute Verbesserung der Festigkeit wird durch die P_1-Zahlen für beide Garne angezeigt. Die Wirkung der Schlichte ist in Bezug auf den Scheuerwiderstand bei Nm 50 für P_2 mit 102 % als gut zu bezeichnen, während für das 100er Garn eine geringfügige Verschlechterung zu verzeichnen ist. Dementsprechend zeigt auch die zusammenfassende Beurteilung mit P_3 = 132 % bei Nm 50 einen guten Schlichterfolg, während P_3 beim 100er Garn durchschnittlich bleibt.

Die nach dem Schlichten verbliebene Bruchdehnung (D_1) ist von durchschnittlicher Höhe. Für D_2 wurde bei Nm 50 mit 105 % ein Spitzenwert erzielt, während bei Nm 100 ein nur mäßiger D_2-Wert erreicht worden ist. Das zusammenfassende Dehnungsergebnis D_3 fiel mit 64 bzw. 76 % überdurchschnittlich gut aus.

Im ganzen gesehen war der mit der Schlichte VW erreichte Effekt vergleichsweise bemerkenswert zufriedenstellend.

Sowohl ihre Zähigkeit als auch ihre Strukturviskosität waren niedrig (cP : 41 - 25). Die Schlichte besaß ein mäßiges Eindringevermögen.

Neuartig ist das nachstehend aufgeführte Rezept, das neben Kartoffelmehl (A) und einer modifizierten Stärke (Y) erstmalig einen Kunststoff auf Polyacrylsäurebasis (Kunstharz X) enthält.

Garn	Konzentration	Temperatur	Viskosität cP	Vers.-Nr.
Nm 50 roh	A 4,00 kg/100 l Y 2,00 kg/100 l X 2,00 kg/100 l	70-75° C	34 49*) τ=5 4000	66
Nm 100 roh	A 4,00 kg/100 l Y 2,00 kg/100 l X 2,00 kg/100 l	70-75° C		86

Wie bereits einleitend beschrieben, sind derartige Kombinationen für feinere Garnnummern reizvoll.

Die Erhöhung der Festigkeit, die durch P_1 angezeigt wird, ist in beiden Fällen mäßig bzw. durchschnittlich. Der Scheuerwiderstand der Garne ist durch diese Schlichte verringert worden, in weniger starkem Maß bei Nm 50, dagegen beachtlich bei Nm 100 (P_2 nur 81 %). Bei der Scheuerung traten 8 Fadenbrüche auf. Die Gesamtbeurteilung ergibt in Gestalt der P_3-Werte bei dem 50er Garn einen durchschnittlichen, bei dem 100er Garn einen geringeren Effekt der Schlichte AYX.

---

*) Gemessen bei 70° C

Versuch	66	86
Garn	Nm 50 roh	Nm 100 roh
P_1 : %	119	130
P_2 : %	97	81
P_3 : %	114	105
D_1 : %	62	61
D_2 : %	100	94
D_3 : %	62	58
		(8 Brüche)
E:	1/4	-

Das gleiche Resultat liefert die Betrachtung der erhaltenen Dehnungswerte. Bei Garn Nm 50 ist D_1 gering, D_2 gut und auch die zusammenfassende Beurteilung D_3 mit 62 % noch durchschnittlich. Demgegenüber liegen sämtliche D-Zahlen bei Nm 100 tiefer. D_3 beträgt nur 58 % und ist damit sehr schlecht. Bei der Scheuerung traten Fadenbrüche auf. Die Schlichte AYX war dem Versuchsergebnis nach wenig interessant.

Bei niedriger Zähflüssigkeit und geringer Strukturviskosität (cP: 34-49) zeigte sie die bereits mehrfach erwähnte Abweichung vom üblichen Verlauf der Viskositätskurven mit einem cP-Anfangswert, der kleiner war als der zugehörige Endwert, der sich nach einem unbedeutenden Maximum einstellte. Ihr Eindringevermögen war gering.

Ein besseres Resultat wurde dadurch erzielt, daß die Zahl der Komponenten gegenüber dem vorher erwähnten Schlichterezept verringert wurde, indem wir die modifizierte Stärke Y wegließen. Gleichzeitig wurde der relative Anteil an Kunstharz bei dem Rezept AX vergrößert.

Garn	Konzentration	Temperatur	Viskosität cP	Vers.Nr.
Nm 50 roh	A 7,00 kg/100 l X 3,80 kg/100 l	70-75° C	390 55*) τ = 50 3450	67
Nm 100 roh	A 7,00 kg/100 l X 3,80 kg/100 l	70-75° C		87

* Gemessen bei 70° C

Versuch	67	87
Garn	Nm 50 roh	Nm 100 roh
P_1 : %	127	229
P_2 : %	87	99
P_3 : %	110	226
D_1 : %	67	94
D_2 : %	93	98
D_3 : %	62	92
		(4 Brüche)
E:	1/4-1/2	-

Zunächst war bei diesen Versuchen die Erhöhung der Festigkeit beim 50er Garn mit 127% für P_1 beachtlich. Für das 100er Garn wurde mit P_1 = 229 % ein extremer Höchstwert erhalten, dessen absolute Höhe zwar unwahrscheinlich, dessen relative Überlegenheit gegenüber den P_1-Werten der anderen Produkte aber feststeht. Der Wert für den relativen Scheuerwiderstand ist bei Nm 50 mit 87 % für P_2 wenig ermutigend, dagegen ist bei Nm 100 gegenüber dem ungeschlichteten Kontrollgarn kaum eine Verschlechterung eingetreten. Das Gesamtresultat für P_3 ist beim 50er Garn wenig interessant. Beim 100er Garn wird aber wieder ein sehr guter Wert (226 %) erzielt aufgrund der offenbar übersteigerten Größenordnung der Zahl P_1. Zusammenfassend läßt sich über diese Schlichte aussagen, daß sie zwar im einzelnen überraschende, insgesamt aber nicht ganz einheitliche Festigkeitsergebnisse erzielt hat.

Dasselbe ist zusammenfassend für die gefundenen Dehnungszahlen zu sagen. Auch hier schnitt das Garn Nm 100 trotz einiger aufgetretener Brüche zahlenmäßig gut ab. D_1 mit 94 % ist ein Höchstwert, D_2 hat eine durchschnittliche Höhe und D_3 gehört mit 92 % zu den bei diesem Garn erzielten sehr guten Resultaten. Dagegen sind die D-Zahlen für das Garn Nm 50 weniger ansprechend: D_1 ist durchschnittlich, D_2 unter Durchschnitt und D_3 mit 62 % wiederum lediglich durchschnittlich.

Werden Festigkeits- und Dehnungseigenschaften zusammen betrachtet, so ist für die Schlichte AX - wie schon im einzelnen gesagt - festzustellen, daß die Ergebnisse nicht einheitlich sind.

Auch in ihrer Viskosität war sie uneinheitlich, und lieferete - besonders bei geringer Schubspannung - relativ hohe cP-Werte (390 - 55). Das Eindringevermögen war mäßig.

Eine Bestätigung für die mit der Schlichte AX erhaltenen Resultate geben die Versuche 68 und 88, bei denen wir ebenfalls eine Kunstharzschlichte (C) ohne jeden weiteren Zusatz anwendeten.

Garn	Konzentration	Temperatur	Viskosität cP		Vers.-Nr.
Nm 50 roh	C 3,50 kg/100 l	70-75° C	28 τ=10	4*) 100	68
Nm 100 roh	C 3,50 kg/100 l	70-75° C			88

Versuch	68	88
Garn	Nm 50 roh	Nm 100 roh
P_1 : %	122	136
P_2 : %	88	36
P_3 : %	107	49
D_1 : %	65	66
D_2 : %	96	31
D_3 : %	62	20
		(27 Brüche)
E:	-	4/4 unglm.

Hinsichtlich der Festigkeitserhöhung P_1 sind nur mäßige Erfolge zu verzeichnen. Die Erniedrigung des Scheuerwiderstandes ausgedrückt durch P_2 = 88 % beim 50er Garn ist bereits bedenklich. Der Wert P_2 = 36 % bei Nm 100 ist nur grundsätzlich, nicht in Bezug auf seine absolute Höhe interessant, da bei der Scheuerung 27 Fadenbrüche zu verzeichnen gewesen waren. Die somit für die Festigkeitsuntersuchungen verbliebenen Garne reichten offenbar zur Bildung eines richtigen Mittelwertes nicht mehr aus. Doch zeugt schon die Zahl der Fadenbrüche von einem ungünstigen Einfluß der Schlichte C. Festigkeitserhöhung und Scheuerwiderstand zusammengefaßt in P_3 ergeben einen geringen bis mäßigen Erfolg bei 50er Garn, während sie beim 100er Garn wiederum derartig tief liegen, daß auch diese Zahl

---

* Gemessen bei 70° C

(49 !) nicht als ganz glaubwürdig zu bezeichnen ist. Bei diesem Rezept haben wir - allerdings in negativem Bereich - ebenfalls wieder äußerst unangenehme Schwankungen und Ungleichmäßigkeiten.

Mehr ist auch nicht bezüglich der Ergebnisse der Dehnungsprüfung zu sagen. Bei Nm 50 wurden durchschnittliche Werte (D_3 = 62 %) erzielt, während das höchst ungünstige Ergebnis bei Nm 100 aus den schon erwähnten Gründen nur der Größenordnung nach, nicht nach dem absoluten Wert der Zahlen beurteilt werden kann. Jedenfalls war hier der Einfluß der Schlichte auf die Dehnungseigenschaften äußerst ungünstig.

Werden alle Prüfungsergebnisse zusammengefaßt, so ist zu berichten, daß der Versuch, ein reines Kunstharzpräparat als Schlichte zu benutzen, nicht erfolgreich war.

Demgegenüber stehen die niedrigen cP-Werte (28 - 4) und die geringe Strukturviskosität der Schlichte C. Auch ihr Eindringevermögen war stark ausgeprägt, allerdings drang sie nicht ganz gleichmäßig in den Faden ein.

2. Zusammenfassung der Prüfergebnisse

In diesem Abschnitt sollen die Ergebnisse der Prüfungen an Garnen und Schlichteflotten zusammengefaßt werden.

Grundsätzlich wird von der Schlichtung der Kettgarne eine Erhöhung der technologischen Verarbeitungsdaten der Garne erwartet. Dies wird, was die Festigkeit angeht, auch tatsächlich in den meisten Fällen erreicht. Vielfach wird aber diese Erhöhung der Festigkeit begleitet von einem Rückgang der Garndehnung. Eine Beurteilung des Schlichteffektes muß somit beide Vorgänge berücksichtigen, wobei es nicht darauf ankommt, ob bei den Untersuchungen gelegentlich ein Höchstwert erreicht wird. Wesentlich ist ein gleichmäßiges Niveau der Ergebnisse.

Eine solche Gleichmäßigkeit wird auch verlangt in Bezug auf das Eindringevermögen der Schlichte, ohne daß hier darüber diskutiert werden soll, ob eine Durchschlichtung besonders vorteilhaft ist oder schon eine ausreichende Zonenschlichtung eine befriedigende Auswirkung für sich in Anspruch zu nehmen hat. Was die Viskosität der Schlichte anbetrifft, so ist fraglos denjenigen Produkten der Vorzug zu geben, die sich durch das Fehlen von Strukturviskosität und also dadurch auszeichnen, daß sie in ihrer Zähigkeit gegenüber äußeren Einflüssen unempfindlich sind.

Forschungsberichte des Wirtschafts- und Verkehrsministeriums Nordrhein-Westfalen

Es ist auf Grund der durchgeführten Versuche und Prüfungen naturgemäß nicht möglich und war auch nicht beabsichtigt, für das Schlichten roher und gebleichter Baumwollgarne, das Rezept aufzustellen. Doch soll das Studium der vorliegenden Ergebnisse der Praxis nützliche Hinweise liefern.

Die althergebrachte Kartoffelstärke ohne Zusatz, jedoch mit einem Aufschlußmittel (AB) bringt bemerkenswerte Festigkeitserhöhungen. Demgegenüber wird die Dehnung der Garne sehr ungünstig beeinflußt. In üblichen Konzentrationen verwendet, dringt diese Schlichte nicht in das Garn ein. Sie besitzt eine ausgesprochene Strukturviskosität. Demzufolge kann der Erfolg einer Schlichte auf Basis von reiner Kartoffelstärke im Vergleich mit anderen Verfahren nicht als zufriedenstellend bezeichnet werden.

Die Behandlung der Kettgarne mit einer Schlichte AG', die aus Kartoffelstärke und einer modifizierten Stärke zusammengesetzt war, brachte ein wesentlich erfreulicheres Ergebnis. Festigkeits- und Dehnungseigenschaften der geschlichteten Garne waren gut. Die Viskosität der Schlichteflotte war stabil, ihr Eindringevermögen allerdings nicht einheitlich, wenngleich die bei der Kartoffelstärke zu beobachtende Randschlichtung wegfiel.

Die Schlichte AG'T, welche sich durch den Zusatz von Türkisch-Rotöl von dem vorgenannten Rezept unterschied, führte bei stabiler Viskosität und mäßigem Eindringevermögen zu negativen Ergebnissen im Hinblick auf Festigkeits- und Dehnungseigenschaften der Garne.

Demgegenüber wurden mit der Kombination AG'D also bei Ersatz des Türkisch-Rotöls durch ein "wasserlösliches" Fett, im ganzen zufriedenstellende Festigkeits- und Dehnungswerte erzielt. Auch war das Verhalten der Flotte hinsichtlich Viskosität und Eindringevermögen günstig.

Die Schlichte AKF, die neben Kartoffelmehl ebenfalls eine modifizierte Stärke sowie einen Fettkörper enthielt, fiel durch die guten Werte der technologischen Garndaten und durch ein vorteilhaftes Verhalten der Schlichteflotte auf.

Die Schlichtekombination AJTeOl (Kartoffelmehl, modifizierte Stärke, Fettprodukt und Netzmittel) hatte auf die Festigkeits- und Dehnungseigenschaften der Garne bei nur mäßigem Eindringevermögen eine einheitlich gute Auswirkung. Die Konstanz der Viskosität war bemerkenswert.

Forschungsberichte des Wirtschafts- und Verkehrsministeriums Nordrhein-Westfalen

Die mechanisch aufgeschlossene Stärke L bewirkte uneinheitliche, im ganzen betrachtet durchschnittliche Festigkeits- und Dehnungseigenschaften, wogegen das Verhalten der Flotte in Bezug auf Eindringevermögen und Strukturviskosität ausgezeichnet war.

Eine praktisch völlige Durchdringung der Garne wurde beobachtet, wenn der vorbeschriebenen modifizierten Stärke ein Netzmittel zugesetzt wurde (LU), ohne daß eine ins Gewicht fallende Veränderung der Flottenviskosität festzustellen war. Die Garneigenschaften waren aber nicht einheitlich. Der Zusatz des Netzmittels hatte sich somit nicht bewährt.

Die Schlichte LM', bestehend aus zwei mechanisch aufgeschlossenen Stärken, schnitt bei den Versuchen in jeder Hinsicht vorteilhaft ab. Es wurden einheitliche und vergleichsweise gute Festigkeits- und Dehnungseigenschaften erzielt. Bei niedriger Viskosität besitzt diese Schlichte ein ausreichend bis gutes Eindringevermögen.

Auch allein für sich bewährte sich die mechanisch aufgeschlossene Stärke M'. Sie brachte gute Festigkeitswerte und - bis auf einen Ausreißer - zufriedenstellende Dehnungswerte, hatte ein gutes Eindringevermögen und eine flache Viskositätskurve.

Bei Anwendung der Kombination AM' aus der in den beiden vorbeschriebenen Rezepten angewendeten modifizierten Stärke M' und der nativen Stärke A verschlechtern sich die Ergebnisse der Festigkeits- und Dehnungsprüfung eindeutig. Die Viskosität der Flotte war erwartungsgemäß angestiegen, ohne daß eine ausgesprochene Strukturviskosität in Erscheinung trat. Das Eindringevermögen blieb dagegen zufriedenstellend.

Die gleichen Viskositätseigenschaften hatte die Schlichte AM, bei der neben Kartoffelstärke eine andere mechanisch aufgeschlossene Stärke M Verwendung fand. Was jedoch die Festigkeits- und Dehnungswerte anbetrifft, glich diese Schlichte vor allem im Hinblick auf die stark herabgesetzte Dehnung der reinen Kartoffelstärke ohne Zusatz.

Die aus den chemisch aufgeschlossenen Stärken N bzw. N' in Verbindung mit einem "wasserlöslichen" Produkt D bestehenden Schlichten ND bzw. N'D bewährten sich nicht.

Ebensowenig konnte bei den durchgeführten Versuchen die Schlichte YH, bestehend aus einer chemisch modifizierten Stärke bei Zusatz eines auswaschbaren Fettproduktes, bemerkenswerte Ergebnisse erzielen.

Schlichte AQ, bei der ein aus den Samen des Johannisbrotes gewonnenes Präparat in Verbindung mit Kartoffelstärke erprobt wurde, bewährte sich nur bei dem gebleichten Garn, trotzdem ihr Eindringevermögen auch bei einem diesbezüglich untersuchten Rohgarn ausreichend und das Viskositätsverhalten befriedigend war.

Die drei Schlichten AIE, ASR und AZH sind Kombinationen aus Kartoffelmehl (A), Eiweißprodukten (I bzw. S bzw. Z) und vorgeschriebenen Zusatzmitteln wie das Schlichtefett E oder die Fettkörper R bzw. H ergaben bei unseren Versuchen Resultate, die besonderes Interesse für sich nicht in Anspruch nehmen können. AIE ergab nur bei dem gebleichten Garn befriedigende Eigenschaften. Sie zeigte, wenn auch nur bei niedrigen Schubspannungen, ausgesprochene Strukturviskosität, doch war ihr Eindringevermögen im ganzen gesehen gut. ASR hatte zwar gute Festigkeiten aber unbefriedigende Dehnungen der Garne zur Folge. Ihre Viskositätseigenschaften glichen denen des vorbeschriebenen Rezeptes, doch war ihr Eindringevermögen wesentlich geringer. AZH bewährte sich, was die Garneigenschaften angeht, nur durchschnittlich. Sie war zwar niedriger viskos als die anderen Eiweißschichten, doch war ihr Eindringevermögen dennoch bemerkenswert gering.

In der Schlichte AP' wurde ein Zellulosederivat zusammen mit Kartoffelmehl eingesetzt. Bei gutem Eindringevermögen und günstigem Verhalten der Flotte schnitt AP' nur in Bezug auf die Festigkeit, nicht aber hinsichtlich der Dehnung gut ab.

Die mit einer ausschließlich auf Zellulosebasis aufgebauten Schlichte O behandelten Garne bewährten sich bei der Dehnungsprüfung gut, bei der Festigkeitsprüfung dagegen weniger. Die Schlichte hatte ein gutes Eindringevermögen und relativ flache und tiefliegende Viskositätskurven.

Bemerkenswert gut waren die Erfolge mit der Schlichte VW, die sich zusammensetzte aus dem Stärkeäther V und dem Zelluloseäther W. Bei den mit dieser Schlichte behandelten feinen Rohgarnen ergaben sich im ganzen gesehen gute Festigkeits- und Dehnungswerte, wenn auch ihr Eindringevermögen nur mäßig war. Die Viskosität der Flotte war günstig.

Die Schlichte AYX - Kartoffelmehl, modifizierte Stärke und Kunstharz - brachte, was die Garneigenschaften angeht, nur ungünstige Ergebnisse. Ihr Eindringevermögen war gering, die Viskosität und deren Stabilität waren dagegen zufriedenstellend.

Bei dem Rezept AX war unter Weglassung der modifizierten Stärke der Anteil an Kunstharz vergrößert worden. Die Ergebnisse der Garnuntersuchungen waren zum Teil gut, im ganzen aber nicht einheitlich. Dabei sei beachtet, daß die Versuche nur mit feinem Garn durchgeführt worden sind. Das Viskositätsverhalten der Flotte war nicht einheitlich, ihr Eindringevermögen mäßig.

Die Ergebnisse mit der Schlichte C, einem Kunstharzpräparat, bestätigten die nach dem vorgeschriebenen Rezept erhaltenen Ergebnisse. Die technologischen Daten der geschlichteten Garne waren uneinheitlich, hier aber im ganzen im negativen Bereich. Das Eindringevermögen der Flotte war ebenfalls nicht gleichmäßig. Die Viskosität und ihre Stabilität erwiesen sich demgegenüber als vorzüglich.

Diese Zusammenfassung der Prüf- und Beobachtungsergebnisse kann für sich nicht den Anspruch erheben, eine vollkommene Übersicht zu bieten. Es sei daran erinnert, daß jeweils verschiedene Garne, Konzentrationen und Temperaturen zum Einsatz bzw. zur Anwendung kamen, so daß eine Beschäftigung mit den einzelnen Abschnitten dieses Berichtes unerläßlich ist.

Wenn es dennoch gestattet ist, aufgrund dieser Zusammenfassung einige Rezepte hervorzuheben, die bei den durchgeführten Versuchen günstige Ergebnisse hinsichtlich einer Erhöhung der Festigkeits- und Erhaltung der Dehnungseigenschaften, des gleichmäßigen und guten Eindringevermögens und günstigen Viskositätsverhaltens der Flotte, mit sich brachten, so sei auf die Kombination AG'D, AKF, AJTeOl, LM', O und VW hingewiesen.

Dabei gelten die wiederholt bei der Beschreibung unserer Versuche und deren Ergebnisse zum Ausdruck gebrachten Vorbehalte für die unmittelbare Übertragung der Resultate in die Praxis. Diese sollen lediglich dazu dienen, dem Schlichter Anregungen und Überblick zu geben über die Möglichkeiten, die neuzeitliche Schlichtepräparate gegenüber althergebrachten bieten. Festgestellt kann werden, daß eine Verbesserung der Verarbeitungsdaten überall dort erzielt wurde, wo niedrigviskose Schlichteflotten ohne oder nur mit geringer Strukturviskosität ein ausreichendes Eindringevermögen in das Garn zeigten, wobei es nicht erforderlich erscheint, daß eine vollständige Durchschlichtung erreicht wird. Die immer noch häufig als Grundmittel für Schlichten verwendete Kartoffelstärke kann für sich allein diese Eigenschaften nicht in Anspruch nehmen.

V. Zusammenfassung

Zur Ermittlung und Gegenüberstellung des Schlichteffektes, den althergebrachte und neuzeitliche Schlichtemittel an Baumwollgarnen hervorrufen, wurde eine große Zahl von Versuchen mit Garnen verschiedener Feinheit und unterschiedlicher Veredelungsstufe durchgeführt. Die erprobten Schlichten bestanden aus Kartoffelstärke, die zusammen mit einem chemischen Aufschlußmittel eingesetzt wurde, aus Kombinationen von Kartoffelstärke mit modifizierten Stärken, Zelluloseäthern, Eiweißkörpern und Kunstharzen, zum Teil unter Zusatz von Fetten oder Wachskörpern oder auch Netzmitteln sowie aus modifizierten Stärken rein bzw. mit Netzmitteln oder auswaschbaren Fettkörpern und schließlich aus Kunstharzprodukten auf Basis Akrylsäure. Die jeweilige Schlichtekonzentration richtete sich nach den Garnen. Dabei wurde häufig bei zwei verschiedenen Temperaturen gearbeitet. Zusammenstellung der Rezepturen erfolgte nach Angaben der Herstellerfirmen.

Das Schlichten der Garne wurde auf einer im TWB-Bastfaser konstruierten Laborschlichtanlage vorgenommen, die sich in ihrer Arbeitsweise weitgehend den Verhältnissen in der Praxis angleicht.

Sämtlich Schlichteflotten wurden auf ihre Viskosität und deren Konstanz hin überprüft. Festigkeit und Dehnung der geschlichteten Garne unter Einschluß einer Scheuerprüfung wurden ausgewertet, ebenso ihr Querschnittsbild zur Feststellung des Eindringevermögens der Flotte.

Die Durchführung der Versuche und Untersuchungen sowie deren Ergebnisse sind in dem vorliegenden Bericht zusammengestellt und besprochen. Es konnte gezeigt werden, daß niedrige, stabile Viskosität sowie ein gewisses Eindringevermögen der Flotte bestimmend für einen befriedigenden Schlichteffekt sind, daß aber zudem die geschickte Zusammenstellung der einzelnen, chemisch verschiedenen Schlichtekomponenten ebenso maßgebend ist. Beim Vergleich der Versuchsergebnisse hoben sich einzelne Produkte und Kombinationen von den übrigen vorteilhaft ab. Die Mannigfaltigkeit der Beobachtungen und Untersuchungsergebnisse macht eine kurzgefaßte Zusammenstellung nicht möglich und das Studium des Berichtes unerläßlich.

Durchführung der Versuche und Untersuchungen: Dr. I. GEURTEN und Mitarbeiterinnen C. M. MENDE und M. BÖRNER.

Dipl.-Ing. Walter ROHS, Bielefeld
Dr. rer.nat. Ingeborg GEURTEN, Bielefeld

FORSCHUNGSBERICHTE DES WIRTSCHAFTS- UND VERKEHRSMINISTERIUMS NORDRHEIN-WESTFALEN

Herausgegeben von Staatssekretär Prof. Dr. h. c. Leo Brandt

HEFT 1
Prof. Dr.-Ing. E. Flegler, Aachen
Untersuchungen oxydischer Ferromagnet-Werkstoffe
1952, 20 Seiten, DM 6,75

HEFT 2
Prof. Dr. W. Fuchs, Aachen
Untersuchungen über absatzfreie Teeröle
1952, 32 Seiten, 5 Abb., 6 Tabellen, DM 10,—

HEFT 3
Techn.-Wissenschaftl. Büro für die Bastfaserindustrie, Bielefeld
Untersuchungsarbeiten zur Verbesserung des Leinenwebstuhls
1952, 44 Seiten, 7 Abb., 3 Tabellen, DM 12,50

HEFT 4
Prof. Dr. E. A. Müller und Dipl.-Ing. H. Spitzer, Dortmund
Untersuchungen über die Hitzebelastung in Hüttenbetrieben
1952, 28 Seiten, 5 Abb., 1 Tabelle, DM 9,—

HEFT 5
Dipl.-Ing. W. Fister, Aachen
Prüfstand der Turbinenuntersuchungen
1952, 40 Seiten, 30 Abb., 3 Schaltbilder, DM 1,—

HEFT 6
Prof. Dr. W. Fuchs, Aachen
Untersuchungen über die Zusammensetzung und Verwendbarkeit von Schwelteerfraktionen
1952, 36 Seiten, DM 10,50

HEFT 7
Prof. Dr. W. Fuchs, Aachen
Untersuchungen über emsländisches Petrolatum
1952, 36 Seiten, 1 Abb., 17 Tabellen, DM 10,50

HEFT 8
M. E. Meffert und H. Stratmann, Essen
Algen-Großkulturen im Sommer 1951
1953, 52 Seiten, 4 Abb., 20 Tabellen, DM 9,75

HEFT 9
Techn.-Wissenschaftl. Büro für die Bastfaserindustrie, Bielefeld
Untersuchungen über die zweckmäßige Wicklungsart von Leinengarnkreuzspulen unter Berücksichtigung der Anwendung hoher Geschwindigkeiten des Garnes
Vorversuche für Zetteln und Schären von Leinengarnen auf Hochleistungsmaschinen
1952, 48 Seiten, 7 Abb., 7 Tabellen, DM 9,25

HEFT 10
Prof. Dr. W. Vogel, Köln
„Das Streifenpaar" als neues System zur mechanischen Vergrößerung kleiner Verschiebungen und seine technischen Anwendungsmöglichkeiten
1953, 20 Seiten, 6 Abb., DM 4,50

HEFT 11
Laboratorium für Werkzeugmaschinen und Betriebslehre, Technische Hochschule Aachen
1. Untersuchungen über Metallbearbeitung im Fräsvorgang mit Hartmetallwerkzeugen und negativem Spanwinkel
2. Weiterentwicklung des Schleifverfahrens für die Herstellung von Präzisionswerkstücken unter Vermeidung hoher Temperaturen
3. Untersuchung von Oberflächenveredlungsverfahren zur Steigerung der Belastbarkeit hochbeanspruchter Bauteile
1953, 80 Seiten, 61 Abb., DM 15,75

HEFT 12
Elektrowärme-Institut, Langenberg (Rhld.)
Induktive Erwärmung mit Netzfrequenz
1952, 22 Seiten, 6 Abb., DM 5,20

HEFT 13
Techn.-Wissenschaftl. Büro für die Bastfaserindustrie, Bielefeld
Das Naßspinnen von Bastfasergarnen mit chemischen Zusätzen zum Spinnbad
1953, 52 Seiten, 4 Abb., 19 Tabellen, DM 10,—

HEFT 14
Forschungsstelle für Acetylen, Dortmund
Untersuchungen über Aceton als Lösungsmittel für Acetylen
1952, 64 Seiten, 10 Abb., 26 Tabellen, DM 12,25

HEFT 15
Wäschereiforschung Krefeld
Trocknen von Wäschestoffen
1953, 48 Seiten, 14 Abb., 2 Tabellen, DM 9,—

HEFT 16
Max-Planck-Institut für Kohlenforschung, Mülheim a. d. Ruhr
Arbeiten des MPI für Kohlenforschung
1953, 104 Seiten, 9 Abb., DM 17,80

HEFT 17
Ingenieurbüro Herbert Stein, M.-Gladbach
Untersuchung der Verzugsvorgänge in den Streckwerken verschiedener Spinnereimaschinen. 1. Bericht: Vergleichende Prüfung mit verschiedenen Dickenmeßgeräten
1952, 36 Seiten, 15 Abb., DM 8,—

HEFT 18
Wäschereiforschung Krefeld
Grundlagen zur Erfassung der chemischen Schädigung beim Waschen
1953, 68 Seiten, 15 Abb., 15 Tabellen, DM 12,75

HEFT 19
Techn.-Wissenschaftl. Büro für die Bastfaserindustrie, Bielefeld
Die Auswirkung des Schlichtens von Leinengarnketten auf den Verarbeitungswirkungsgrad, sowie die Festigkeit und Dehnungsverhältnisse der Garne und Gewebe
1953, 48 Seiten, 1 Abb., 9 Tabellen, DM 9,—

HEFT 20
Techn.-Wissenschaftl. Büro für die Bastfaserindustrie, Bielefeld
Trocknung von Leinengarnen I
Vorgang und Einwirkung auf die Garnqualität
1953, 62 Seiten, 18 Abb., 5 Tabellen, DM 12,—

HEFT 21
Techn.-Wissenschaftl. Büro für die Bastfaserindustrie, Bielefeld
Trocknung von Leinengarnen II
Spulenanordnung und Luftführung beim Trocknen von Kreuzspulen
1953, 66 Seiten, 22 Abb., 9 Tabellen, DM 13,—

HEFT 22
Techn.-Wissenschaftl. Büro für die Bastfaserindustrie, Bielefeld
Die Reparaturanfälligkeit von Webstühlen
1953, 28 Seiten, 7 Abb., 5 Tabellen, DM 5,80

HEFT 23
Institut für Starkstromtechnik, Aachen
Rechnerische und experimentelle Untersuchungen zur Kenntnis der Metadyne als Umformer von konstanter Spannung auf konstanten Strom
1953, 52 Seiten, 20 Abb., 4 Tafeln, DM 9,75

HEFT 24
Institut für Starkstromtechnik, Aachen
Vergleich verschiedener Generator-Metadyne-Schaltungen in bezug auf statisches Verhalten
1952, 44 Seiten, 23 Abb., DM 8,50

HEFT 25
Gesellschaft für Kohlentechnik mbH., Dortmund-Eving
Struktur der Steinkohlen und Steinkohlen-Kokse
1953, 58 Seiten, DM 11,—

HEFT 26
Techn.-Wissenschaftl. Büro für die Bastfaserindustrie, Bielefeld
Vergleichende Untersuchungen zweier neuzeitlicher Ungleichmäßigkeitsprüfer für Bänder und Garne hinsichtlich ihrer Eignung für die Bastfaserspinnerei
1953, 64 Seiten, 30 Abb., DM 12,50

HEFT 27
Prof. Dr. E. Schratz, Münster
Untersuchungen zur Rentabilität des Arzneipflanzenanbaues Römische Kamille, Anthemis nobilis L.
1953, 16 Seiten, 1 Tabelle, DM 3,60

HEFT 28
Prof. Dr. E. Schratz, Münster
Calendula officinalis L. Studien zur Ernährung, Blütenfüllung und Rentabilität der Drogengewinnung
1953, 24 Seiten, 2 Abb., 3 Tabellen, DM 5,20

HEFT 29
Techn.-Wissenschaftl. Büro für die Bastfaserindustrie, Bielefeld
Die Ausnützung der Leinengarne in Geweben
1953, 100 Seiten, 14 Abb., 10 Tabellen, DM 17,80

HEFT 30
Gesellschaft für Kohlentechnik mbH., Dortmund-Eving
Kombinierte Entaschung und Verschwelung von Steinkohle; Aufarbeitung von Steinkohlenschlämmen zu verkokbarer oder verschwelbarer Kohle
1953, 56 Seiten, 16 Abb., 10 Tabellen, DM 10,50

HEFT 31
Dipl.-Ing. A. Stormanns, Essen
Messung des Leistungsbedarfs von Doppelsteg-Kettenförderern
1954, 54 Seiten, 18 Abb., 3 Anlagen, DM 11,—

HEFT 32
Techn.-Wissenschaftl. Büro für die Bastfaserindustrie, Bielefeld
Der Einfluß der Natriumchloridbleiche auf Qualität und Verwebbarkeit von Leinengarnen und die Eigenschaften der Leinengewebe unter besonderer Berücksichtigung des Einsatzes von Schützen- und Spulenwechselautomaten in der Leinenweberei
1953, 64 Seiten, 2 Abb., 12 Tabellen, DM 11,50

HEFT 33
Kohlenstoffbiologische Forschungsstation e. V.
Eine Methode zur Bestimmung von Schwefeldioxyd und Schwefelwasserstoff in Rauchgasen und in der Atmosphäre
1953, 32 Seiten, 8 Abb., 3 Tabellen, DM 6,50

HEFT 34
Textilforschungsanstalt Krefeld
Quellungs- und Entquellungsvorgänge bei Faserstoffen
1953, 52 Seiten, 13 Abb., 13 Tabellen, DM 9,80

WESTDEUTSCHER VERLAG · KÖLN UND OPLADEN

HEFT 35
Professor Dr. W. Kast, Krefeld
Feinstrukturuntersuchungen an künstlichen Zellulosefasern verschiedener Herstellungsverfahren. Teil I: Der Orientierungszustand
1953, 74 Seiten, 30 Abb., 7 Tabellen, DM 13,80

HEFT 36
Forschungsinstitut der feuerfesten Industrie, Bonn
Untersuchungen über die Trocknung von Rohton
Untersuchungen über die chemische Reinigung von Silika- und Schamotte-Rohstoffen mit chlorhaltigen Gasen
1953, 60 Seiten, 5 Abb., 5 Tabellen, DM 11,—

HEFT 37
Forschungsinstitut der feuerfesten Industrie, Bonn
Untersuchungen über den Einfluß der Probenvorbereitung auf die Kaltdruckfestigkeit feuerfester Steine
1953, 40 Seiten, 2 Abb., 5 Tabellen, DM 7,80

HEFT 38
Forschungsstelle für Acetylen, Dortmund
Untersuchungen über die Trocknung von Acetylen zur Herstellung von Dissousgas
1953, 36 Seiten, 11 Abb., 3 Tabellen, DM 6,80

HEFT 39
Forschungsgesellschaft Blechverarbeitung e. V., Düsseldorf
Untersuchungen an prägegemusterten und vorgelochten Blechen
1953, 46 Seiten, 34 Abb., DM 9,50

HEFT 40
Landesgeologe Dr.-Ing. W. Wolff,
Amt für Bodenforschung, Krefeld
Untersuchungen über die Anwendbarkeit geophysikalischer Verfahren zur Untersuchung von Spateisengängen im Siegerland
1953, 46 Seiten, 8 Abb., DM 8,80

HEFT 41
Techn.-Wissenschaftl. Büro für die Bastfaserindustrie, Bielefeld
Untersuchungsarbeiten zur Verbesserung des Leinenwebstuhles II
1953, 40 Seiten, 4 Abb., 5 Tabellen, DM 7,80

HEFT 42
Professor Dr. B. Helferich, Bonn
Untersuchungen über Wirkstoffe — Fermente — in der Kartoffel und die Möglichkeit ihrer Verwendung
1953, 58 Seiten, 9 Abb., DM 11,—

HEFT 43
Forschungsgesellschaft Blechverarbeitung e. V., Düsseldorf
Forschungsergebnisse über das Beizen von Blechen
1953, 48 Seiten, 38 Abb., 2 Tabellen, DM 11,30

HEFT 44
Arbeitsgemeinschaft für praktische Dehnungsmessung, Düsseldorf
Eigenschaften und Anwendungen von Dehnungsmeßstreifen
1953, 68 Seiten, 43 Abb., 2 Tabellen, DM 13,70

HEFT 45
Losenhausenwerk Düsseldorfer Maschinenbau AG., Düsseldorf
Untersuchungen von störenden Einflüssen auf die Lastgrenzenanzeige von Dauerschwingprüfmaschinen
1953, 36 Seiten, 11 Abb., 3 Tabellen, DM 7,25

HEFT 46
Prof. Dr. W. Fuchs, Aachen
Untersuchungen über die Aufbereitung von Wasser für die Dampferzeugung in Benson-Kesseln
1953, 58 Seiten, 18 Abb., 9 Tabellen, DM 11,20

HEFT 47
Prof. Dr.-Ing. K. Krekeler, Aachen
Versuche über die Anwendung der induktiven Erwärmung zum Sintern von hochschmelzenden Metallen sowie zur Anlegierung und Vergütung von aufgespritzten Metallschichten mit dem Grundwerkstoff
1954, 66 Seiten, 39 Abb., DM 13,90

HEFT 48
Max-Planck-Institut für Eisenforschung, Düsseldorf
Spektrochemische Analyse der Gefügebestandteile in Stählen nach ihrer Isolierung
1953, 38 Seiten, 8 Abb., 5 Tabellen, DM 7,80

HEFT 49
Max-Planck-Institut für Eisenforschung, Düsseldorf
Untersuchungen über Ablauf der Desoxydation und die Bildung von Einschlüssen in Stählen
1953, 52 Seiten, 19 Abb., 3 Tabellen, DM 12,40

HEFT 50
Max-Planck-Institut für Eisenforschung, Düsseldorf
Flammenspektralanalytische Untersuchung der Ferritzusammensetzung in Stählen
1953, 44 Seiten, 15 Abb., 4 Tabellen, DM 8,60

HEFT 51
Verein zur Förderung von Forschungs- und Entwicklungsarbeiten in der Werkzeugindustrie e. V., Remscheid
Untersuchungen an Kreissägeblättern für Holz, Fehler- und Spannungsprüfverfahren
1953, 50 Seiten, 23 Abb., DM 10,—

HEFT 52
Forschungsstelle für Acetylen, Dortmund
Untersuchungen über den Umsatz bei der explosiblen Zersetzung von Azetylen
 a) Zersetzung von gasförmigem Azetylen
 b) Zersetzung von an Silikagel absorbiertem Azetylen
1954, 48 Seiten, 8 Abb., 10 Tabellen, DM 9,25

HEFT 53
Professor Dr.-Ing. H. Opitz, Aachen
Reibwert und Verschleißmessungen an Kunststoffgleitführungen für Werkzeugmaschinen
1954, 38 Seiten, 18 Abb., DM 8,20

HEFT 54
Professor Dr.-Ing. F. A. F. Schmidt, Aachen
Schaffung von Grundlagen für die Erhöhung der spez. Leistung und Herabsetzung des spez. Brennstoffverbrauches bei Ottomotoren mit Teilbericht über Arbeiten an einem neuen Einspritzverfahren
1954, 34 Seiten, 15 Abb., DM 7,40

HEFT 55
Forschungsgesellschaft Blechverarbeitung e. V., Düsseldorf
Chemisches Glänzen von Messing und Neusilber
1954, 50 Seiten, 21 Abb., 1 Tabelle, DM 10,20

HEFT 56
Forschungsgesellschaft Blechverarbeitung e. V., Düsseldorf
Untersuchungen über einige Probleme der Behandlung von Blechoberflächen
1954, 52 Seiten, 42 Abb., DM 11,20

HEFT 57
Prof. Dr.-Ing. F. A. F. Schmidt, Aachen
Untersuchungen zur Erforschung des Einflusses des chemischen Aufbaues des Kraftstoffes auf sein Verhalten im Motor und in Brennkammern von Gasturbinen
1954, 70 Seiten, 32 Abb., DM 14,60

HEFT 58
Gesellschaft für Kohlentechnik mbH., Dortmund
Herstellung und Untersuchung von Steinkohlenschwelteer
1954, 74 Seiten, 9 Abb., 9 Tabellen, DM 13,75

HEFT 59
Forschungsinstitut der Feuerfest-Industrie e. V., Bonn
Ein Schnellanalysenverfahren zur Bestimmung von Aluminiumoxyd, Eisenoxyd und Titanoxyd in feuerfestem Material mittels organischer Farbreagenzien auf photometrischem Wege
Untersuchungen des Alkali-Gehaltes feuerfester Stoffe mit dem Flammenphotometer nach Riehm-Lange
1954, 62 Seiten, 12 Abb., 3 Tabellen, DM 11,60

HEFT 60
Forschungsgesellschaft Blechverarbeitung e. V., Düsseldorf
Untersuchungen über das Spritzlackieren im elektrostatischen Hochspannungsfeld
1954, 82 Seiten, 53 Abb., 7 Tabellen, DM 17,—

HEFT 61
Verein zur Förderung von Forschungs- und Entwicklungsarbeiten in der Werkzeugindustrie e. V., Remscheid
Schwingungs- und Arbeitsverhalten von Kreissägeblättern für Holz
1954, 54 Seiten, 31 Abb., DM 11,40

HEFT 62
Professor Dr. W. Franz, Institut für theoretische Physik der Universität Münster
Berechnung des elektrischen Durchschlags durch feste und flüssige Isolatoren
1954, 36 Seiten, DM 7,—

HEFT 63
Textilforschungsanstalt Krefeld
Neue Methoden zur Untersuchung der Wirkungsweise von Textilhilfsmitteln
Untersuchungen über Schlichtungs- und Entschlichtungsvorgänge
1954, 34 Seiten, 1 Abb., 5 Tabellen, DM 6,80

HEFT 64
Textilforschungsanstalt Krefeld
Die Kettenlängenverteilung von hochpolymeren Faserstoffen
Über die fraktionierte Fällung von Polyamiden
1954, 44 Seiten, 13 Abb., DM 8,60

HEFT 65
Fachverband Schneidwarenindustrie, Solingen
Untersuchungen über das elektrolytische Polieren von Tafelmesserklingen aus rostfreiem Stahl
1954, 90 Seiten, 38 Abb., 9 Tabellen, DM 17,35

HEFT 66
Dr.-Ing. P. Füsgen VDI †, Düsseldorf
Untersuchungen über das Auftreten des Ratterns bei selbsthemmenden Schneckengetrieben und seine Verhütung
1954, 32 Seiten, 5 Abb., DM 6,60

HEFT 67
Heinrich Wösthoff o. H. G., Apparatebau, Bochum
Entwicklung einer chemisch-physikalischen Apparatur zur Bestimmung kleinster Kohlenoxyd-Konzentrationen
1954, 94 Seiten, 48 Abb., 2 Tabellen, DM 18,25

HEFT 68
Kohlenstoffbiologische Forschungsstation e. V., Essen
Algengroßkulturen im Sommer 1952
II. Über die unsterile Großkultur von Scenedesmus obliquus
1954, 62 Seiten, 3 Abb., 29 Tabellen, DM 11,40

HEFT 69
Wäschereiforschung Krefeld
Bestimmung des Faserabbaues bei Leinen unter besonderer Berücksichtigung der Leinengarnbleiche
1954, 48 Seiten, 15 Abb., 3 Tabellen, DM 9,60

HEFT 70
Wäschereiforschung Krefeld
Trocknen von Wäschestoffen
1954, 52 Seiten, 18 Abb., 3 Tabellen, DM 10,—

HEFT 71
Prof. Dr.-Ing. K. Leist, Aachen
Kleingasturbinen, insbesondere zum Fahrzeugantrieb
1954, 114 Seiten, 85 Abb., DM 22,—

HEFT 72
Prof. Dr.-Ing. K. Leist, Aachen
Beitrag zur Untersuchung von stehenden geraden Turbinengittern mit Hilfe von Druckverteilungsmessungen
1954, 152 Seiten, 111 Abb., DM 36,20

HEFT 73
Prof. Dr.-Ing. K. Leist, Aachen
Spannungsoptische Untersuchungen von Turbinenschaufelfüßen
1954, 66 Seiten, 46 Abb., 2 Tabellen, DM 14,60

HEFT 74
Max-Planck-Institut für Eisenforschung, Düsseldorf
Versuche zur Klärung des Umwandlungsverhaltens eines sonderkarbidbildenden Chromstahls
1954, 58 Seiten, 10 Abb., DM 14,—

HEFT 75
Max-Planck-Institut für Eisenforschung, Düsseldorf
Zeit-Temperatur-Umwandlungs-Schaubilder als Grundlage der Wärmebehandlung der Stähle
1954, 44 Seiten, 13 Abb., DM 8,70

HEFT 76
Max-Planck-Institut für Arbeitsphysiologie, Dortmund
Arbeitstechnische und arbeitsphysiologische Rationalisierung von Mauersteinen
1954, 52 Seiten, 12 Abb., 3 Tabellen, DM 10,20

HEFT 77
Meteor Apparatebau Paul Schmeck GmbH., Siegen
Entwicklung von Leuchtstoffröhren hoher Leistung
1954, 46 Seiten, 12 Abb., 2 Tabellen, DM 9,15

HEFT 78
Forschungsstelle für Acetylen, Dortmund
Über die Zustandsgleichung des gasförmigen Acetylens und das Gleichgewicht Acetylen — Aceton
1954, 42 Seiten, 3 Abb., 8 Tabellen, DM 8,—

HEFT 79
Techn.-Wissenschaftl. Büro für die Bastfaserindustrie, Bielefeld
Trocknung von Leinengarnen III
Spinnspulen- und Spinnkopstrocknung
Vorgang und Einwirkung auf die Garnqualität
1954, 74 Seiten, 18 Abb., 10 Tabellen, DM 14,—

WESTDEUTSCHER VERLAG · KÖLN UND OPLADEN

HEFT 80
Techn.-Wissenschaftl. Büro für die Bastfaserindustrie, Bielefeld
Die Verarbeitung von Leinengarn auf Webstühlen mit und ohne Oberbau
1954, 30 Seiten, 2 Abb., 2 Tabellen, DM 6,—

HEFT 81
Prüf- und Forschungsinstitut für Ziegeleierzeugnisse, Essen-Kray
Die Einführung des großformatigen Einheits-Gitterziegels im Lande Nordrhein-Westfalen
1954, 54 Seiten, 2 Abb., 2 Tabellen, DM 10,—

HEFT 82
Vereinigte Aluminium-Werke AG., Bonn
Forschungsarbeiten auf dem Gebiet der Veredelung von Aluminium-Oberflächen
1954, 46 Seiten, 34 Abb., DM 9,60

HEFT 83
Prof. Dr. S. Strugger, Münster
Über die Struktur der Proplastiden
1954, 30 Seiten, 15 Abb., DM 8,40

HEFT 84
Dr. H. Baron, Düsseldorf
Über Standardisierung von Wundtextilien
1954, 32 Seiten, DM 6,40

HEFT 85
Textilforschungsanstalt Krefeld
Physikalische Untersuchungen an Fasern, Fäden, Garnen und Geweben:
Untersuchungen am Knickscheuergerät nach Weltzien
1954, 40 Seiten, 11 Abb., 8 Tabellen, DM 10,—

HEFT 86
Prof. Dr.-Ing. H. Opitz, Aachen
Untersuchungen über das Fräsen von Baustahl sowie über den Einfluß des Gefüges auf die Zerspanbarkeit
1954, 108 Seiten, 73 Abb., 7 Tabellen, DM 22,—

HEFT 87
Gemeinschaftsausschuß Verzinken, Düsseldorf
Untersuchungen über Güte von Verzinkungen
1954, 68 Seiten, 56 Abb., 3 Tabellen, DM 15,30

HEFT 88
Gesellschaft für Kohlentechnik mbH., Dortmund-Eving
Oxydation von Steinkohle mit Salpetersäure
1954, 62 Seiten, 2 Abb., 1 Tabelle, DM 11,50

HEFT 89
Verein Deutscher Ingenieure, Gleitlagerforschung, Düsseldorf und Prof. Dr.-Ing. G. Vogelpohl, Göttingen
Versuche mit Preßstoff-Lagern für Walzwerke
1954, 70 Seiten, 34 Abb., DM 14,10

HEFT 90
Forschungs-Institut der Feuerfest-Industrie, Bonn
Das Verhalten von Silikasteinen im Siemens-Martin-Ofengewölbe
1954, 62 Seiten, 15 Abb., 11 Tabellen, DM 11,90

HEFT 91
Forschungs-Institut der Feuerfest-Industrie, Bonn
Untersuchungen des Zusammenhangs zwischen Leistung und Kohlenverbrauch von Kammeröfen zum Brennen von feuerfesten Materialien
1954, 42 Seiten, 6 Abb., DM 8,30

HEFT 92
Techn.-Wissenschaftl. Büro für die Bastfaserindustrie, Bielefeld und Laboratorium für textile Meßtechnik, M.-Gladbach
Messungen von Vorgängen am Webstuhl
1954, 76 Seiten, 45 Abb., DM 15,50

HEFT 93
Prof. Dr. W. Kast, Krefeld
Spinnversuche zur Strukturerfassung künstlicher Zellulosefasern
1954, 82 Seiten, 39 Abb., 6 Tabellen, DM 16,—

HEFT 94
Prof. Dr. G. Winter, Bonn
Die Heilpflanzen des MATTHIOLUS (1611) gegen Infektionen der Harnwege und Verunreinigung der Wunden bzw. zur Förderung der Wundheilung im Lichte der Antibiotikaforschung
1954, 58 Seiten, 1 Abb., 2 Tabellen, DM 11,50

HEFT 95
Prof. Dr. G. Winter, Bonn
Untersuchungen über die flüchtigen Antibiotika aus der Kapuziner- (Tropaeolum maius) und Gartenkresse (Lepidium sativum) und ihr Verhalten im menschlichen Körper bei Aufnahme von Kapuziner- bzw. Gartenkressensalat per os
1955, 74 Seiten, 9 Abb., 25 Tabellen, DM 14,—

HEFT 96
Dr.-Ing. P. Koch, Dortmund
Austritt von Exoelektronen aus Metalloberflächen unter Berücksichtigung der Verwendung des Effektes für die Materialprüfung
1954, 34 Seiten, 13 Abb., DM 7,—

HEFT 97
Ing. H. Stein, Laboratorium für textile Meßtechnik, M.-Gladbach
Untersuchung der Verzugsvorgänge an den Streckwerken verschiedener Spinnereimaschinen
2. Bericht: Ermittlung der Haft-Gleiteigenschaften von Faserbändern und Vorgarnen
1955, 98 Seiten, 54 Abb., DM 21,—

HEFT 98
Fachverband Gesenkschmieden, Hagen
Die Arbeitsgenauigkeit beim Gesenkschmieden unter Hämmern
1955, 132 Seiten, 55 Abb., 9 Tabellen, DM 24,75

HEFT 99
Prof. Dr.-Ing. G. Garbotz, Aachen
Der Kraft- und Arbeitsaufwand sowie die Leistungen beim Biegen von Bewehrungsstählen in Abhängigkeit von den Abmessungen, den Formen und der Güte der Stähle (Ermittlung von Leistungsrichtlinien)
1955, 136 Seiten, 53 Abb., 3 Anlagen, 18 Tabellen, DM 30,—

HEFT 100
Prof. Dr.-Ing. H. Opitz, Aachen
Untersuchungen von elektrischen Antrieben, Steuerungen und Regelungen an Werkzeugmaschinen
1955, 166 Seiten, 71 Abb., 3 Tabellen, DM 31,30

HEFT 101
Prof. Dr.-Ing. H. Opitz, Aachen
Wirtschaftlichkeitsbetrachtungen beim Außenrundschleifen
1955, 100 Seiten, 56 Abb., 3 Tabellen, DM 19,30

HEFT 102
Dr. P. Hölemann, Ing. R. Hasselmann und Ing. G. Dix, Dortmund
Untersuchungen über die thermische Zündung von explosiblen Acetylenzersetzungen in Kapillaren
1954, 44 Seiten, 5 Abb., 4 Tabellen, DM 8,60

HEFT 103
Prof. Dr. W. Weizel, Bonn
Durchführung von experimentellen Untersuchungen über den zeitlichen Ablauf von Funken in komprimierten Edelgasen sowie zu deren mathematischen Berechnung
1955, 46 Seiten, 12 Abb., DM 9,10

HEFT 104
Prof. Dr. W. Weizel, Bonn
Über den Einfluß der Elektroden auf die Eigenschaften von Cadmium-Sulfid-Widerstands-Photozellen
1955, 48 Seiten, 12 Abb., DM 9,45

HEFT 105
Dr.-Ing. R. Meldau, Harsewinkel/Westf.
Auswertung von Gekörn — Analysen des Musterstaubes „Flugasche Fortuna I"
1955, 42 Seiten, 14 Abb., DM 8,50

HEFT 106
ORR. Dr.-Ing. W. Küch, Dortmund
Untersuchungen über die Einwirkung von feuchtigkeitsgesättigter Luft auf die Festigkeit von Leimverbindungen
1954, 60 Seiten, 10 Abb., 6 Tabellen, DM 11,40

HEFT 107
Prof. Dr. H. Lange und Dipl.-Phys. P. St. Pütter, Köln
Über die Konstruktion von Laboratoriumsmagneten
1955, 66 Seiten, 19 Abb., 1 Tabelle, DM 12,30

HEFT 108
Prof. Dr. W. Fuchs, Aachen
Untersuchungen über neue Beizmethoden und Beizabwässer:
I. Die Entzunderung von Drähten mit Natriumhydrid
II. Die Aufbereitung von Beizabwässern
1955, 82 S., 15 Abb., 14 Tabellen, 1 Falttafel, DM 15,25

HEFT 109
Dr. P. Hölemann und Ing. R. Hasselmann, Dortmund
Untersuchungen über die Löslichkeit von Azetylen in verschiedenen organischen Lösungsmitteln
1954, 42 Seiten, 10 Abb., 8 Tabellen, DM 8,30

HEFT 110
Dr. P. Hölemann und Ing. R. Hasselmann, Dortmund
Untersuchungen über den Druckverlauf bei der explosiblen Zersetzung von gasförmigem Azetylen
1955, 54 Seiten, 10 Abb., 5 Tabellen, DM 11,—

HEFT 111
Fachverband Steinzeugindustrie, Köln
Die Entwicklung eines Gerätes zur Beschickung seitlicher Feuer von Steinzeug-Einzelkammeröfen mit festen Brennstoffen
1955, 46 Seiten, 16 Abb., DM 9,40

HEFT 112
Prof. Dr.-Ing. H. Opitz, Aachen
Verschleißmessungen beim Drehen mit aktivierten Hartmetallwerkzeugen
1954, 44 Seiten, 17 Abb., 6 Tabellen, DM 8,80

HEFT 113
Prof. Dr. O. Graf, Dortmund
Erforschung der geistigen Ermüdung und nervösen Belastung: Studien über die vegetative 24-Stunden-Rhythmik in Ruhe und unter Belastung
1955, 40 Seiten, 12 Abb., DM 8,20

HEFT 114
Prof. Dr. O. Graf, Dortmund
Studien über Fließarbeitsprobleme an einer praxisnahen Experimentieranlage
1954, 34 Seiten, 6 Abb., DM 7,—

HEFT 115
Prof. Dr. O. Graf, Dortmund
Studium über Arbeitspausen in Betrieben bei freier und zeitgebundener Arbeit (Fließarbeit) und ihre Auswirkung auf die Leistungsfähigkeit
1955, 50 Seiten, 13 Abb., 2 Tabellen, DM 9,80

HEFT 116
Prof. Dr.-Ing. E. Siebel und Dr.-Ing. H. Weiss, Stuttgart
Untersuchungen an einigen Problemen des Tiefziehens — I. Teil
1955, 74 Seiten, 50 Abb., 5 Tabellen, DM 14,50

HEFT 117
Dr.-Ing. H. Beißwänger, Stuttgart, und Dr.-Ing. S. Schwandt, Trier
Untersuchungen an einigen Problemen des Tiefziehens — II. Teil
1955, 92 Seiten, 34 Abb., 8 Tabellen, DM 17,70

HEFT 118
Prof. Dr. E. A. Müller und Dr. H. G. Wenzel, Dortmund
Neuartige Klima-Anlage zur Erzeugung ungleicher Luft- und Strahlungstemperaturen in einem Versuchsraum
1955, 68 Seiten, 10 z. T. mehrfarb. Abb., DM 14,—

HEFT 119
Dr.-Ing. O. Viertel, Krefeld
Wäscherei- und energietechnische Untersuchung einer Gemeinschafts-Waschanlage
1955, 50 Seiten, 18 Abb., DM 10,20

HEFT 120
Dipl.-Ing. A. Weisbecker, Lüdenscheid
Über Anfressung an Reinstaluminium-Schweißnähten bei der elektrolytischen Oxydation
Gebr. Hörstermann GmbH., Velbert
Entwicklung und Erprobung eines neuartigen Gummibandförderers
1955, 46 Seiten, 18 Abb., DM 9,70

HEFT 121
Dr. H. Krebs, Bonn
I. Die Struktur und die Eigenschaften der Halbmetalle
II. Die Bestimmung der Atomverteilung in amorphen Substanzen
III. Die chemische Bindung in anorganischen Festkörpern und das Entstehen metallischer Eigenschaften
1955, 124 Seiten, 36 Abb., 13 Tabellen, DM 22,90

HEFT 122
Prof. Dr. W. Fuchs, Aachen
Untersuchungen zur Verbesserung der Wasseraufbereitung und Wasseranalyse:
Über die Schnellbewertung von Ionenaustauscher
1955, 62 Seiten, 32 Abb., DM 12,30

HEFT 123
Dipl.-Ing. J. Emondts, Aachen
Über Bodenverformungen bei stark gestörtem und mächtigem, nachführendem Deckgebirge im Aachener Steinkohlengebiet
1955, 196 Seiten, 37 Abb., 10 Tabellen, DM 28,80

HEFT 124
Prof. Dr. R. Seyffert, Köln
Wege und Kosten der Distribution der Hausratwaren im Lande Nordrhein-Westfalen
1955, 74 Seiten, 25 Tabellen, DM 9,—

HEFT 125
Prof. Dr. E. Kappler, Münster
Eine neue Methode zur Bestimmung von Kondensations-Koeffizienten von Wasser
1955, 46 Seiten, 11 Abb., 1 Tabelle, DM 9,10

HEFT 126
Prof. Dr.-Ing. J. Mathieu, Aachen
Arbeitszeitvergleich
Grundlagen, Methodik und praktische Durchführung
1955, 70 Seiten, DM 13,—

HEFT 127
Güteschutz Betonstein e. V., Arbeitskreis Nordrhein-Westfalen, Dortmund
Die Betonwaren-Gütesicherung im Lande Nordrhein-Westfalen
1955, 58 Seiten, 15 Abb., 3 Tabellen, DM 11,50

HEFT 128
Prof. Dr. O. Schmitz-DuMont, Bonn
Untersuchungen über Reaktionen in flüssigem Ammoniak
1955, 96 Seiten, 11 Abb., 6 Tabellen, DM 17,75

HEFT 129
Prof. Dr.-Ing. J. Mathieu und Dr. C. A. Roos, Aachen
Die Anlernung von Industriearbeitern
I. Ergebnisse einer grundsätzlichen Untersuchung der gegenwärtigen Industriearbeiter-Kurzanlernung
1955, 106 Seiten, DM 19,70

HEFT 130
Prof. Dr.-Ing. J. Mathieu und Dr. C. A. Roos, Aachen
Die Anlernung von Industriearbeitern
II. Beiträge zur Methodenfrage der Kurzanlernung
1955, 108 Seiten, DM 19,90

HEFT 131
Dr. W. Hoerburger, Köln
Versuche zur Biosynthese von Eiweiß aus Kohlenwasserstoff
1955, 34 Seiten, 2 Abb., DM 6,90

HEFT 132
Prof. Dr. W. Seith, Münster
Über Diffusionserscheinungen in festen Metallen
1955, 42 Seiten, 19 Abb., 4 Tabellen, DM 9,10

HEFT 133
Prof. Dr. E. Jenckel, Aachen
Über einen für Schwermetalle selektiven Ionenaustauscher
1955, 48 Seiten, 8 Abb., 13 Tabellen, DM 9,50

HEFT 134
Prof. Dr.-Ing. H. Winterhager, Aachen
Über die elektrochemischen Grundlagen der Schmelzfluß-Elektrolyse von Bleisulfid in geschmolzenen Mischungen mit Bleichlorid
1955, 54 Seiten, 20 Abb., 5 Tabellen, DM 11,80

HEFT 135
Prof. Dr.-Ing. K. Krekeler und Dr.-Ing. H. Peukert, Aachen
Die Änderung der mechanischen Eigenschaften thermoplastischer Kunststoffe durch Warmrecken
1955, 54 Seiten, 27 Abb., DM 11,10

HEFT 136
Dipl.-Phys. P. Pilz, Remscheid
Über spezielle Probleme der Zerkleinerungstechnik von Weichstoffen
1955, 58 Seiten, 19 Abb., 2 Tabellen, DM 11,50

HEFT 137
Prof. Dr. W. Baumeister, Münster
Beiträge zur Mineralstoffernährung der Pflanzen
1955, 64 Seiten, 6 Tabellen, DM 11,80

HEFT 138
Dr. P. Hölemann und Ing. R. Hasselmann, Dortmund
Untersuchungen über die Zersetzungswärme von gasförmigem und in Azeton gelöstem Azetylen
1955, 54 Seiten, 8 Abb., 7 Tabellen, DM 10,40

HEFT 139
Prof. Dr. W. Fuchs, Aachen
Studien über die thermische Zersetzung der Kohle und die Kohlendestillatprodukte
1955, 64 Seiten, 20 Abb., 22 Tabellen, DM 11,80

HEFT 140
Dr.-Ing. G. Hausberg, Essen
Modellversuche an Zyklonen
1955, 78 Seiten, 24 Abb., DM 15,70

HEFT 141
Dr. J. van Calker und Dr. R. Wienecke, Münster
Untersuchungen über den Einfluß dritter Analysenpartner auf die spektrochemische Analyse
1955, 42 Seiten, 15 Abb., DM 9,10

HEFT 142
Dipl.-Ing. G. M. F. Wiebel, Hannover, A. Konermann und A. Ottenheym, Sennelager
Entwicklung eines Kalksandleichtsteines
1955, 38 Seiten, 4 Abb., DM 8,—

HEFT 143
Prof. Dr. F. Wever, Dr. A. Rose und Dipl.-Ing. W. Straßburg, Düsseldorf
Härtbarkeit und Umwandlungsverhalten der Stähle
1955, 50 Seiten, 12 Abb., 3 Tabellen, DM 10,70

HEFT 144
Prof. Dr. H. Wurmbach, Bonn
Steuerung von Wachstum und Formbildung
1955, 48 Seiten, 19 Abb., DM 10,30

HEFT 145
Dr. G. Hennemann, Werdohl (Westf.)
Beitrag zur Interpretation der modernen Atomphysik
1955, 34 Seiten, DM 10,—

HEFT 146
Dr.-Ing. F. Gruß, Düsseldorf
Sterilisation mit Heißluft
1955, 34 Seiten, 10 Abb., DM 7,70

HEFT 147
Dr.-Ing. W. Rudisch, Unna
Untersuchung einer drehelastischen Elektromagnet-Synchronkupplung
1955, 82 Seiten, 65 Abb., DM 17,70

HEFT 148
Prof. Dr. H. Bittel u. Dipl.-Phys. L. Storm, Münster
Untersuchungen über Widerstandsrauschen
1955, 40 Seiten, 5 Abb., DM 8,40

HEFT 149
Dipl.-Ing. K. Konopicky und Dipl.-Chem. P. Kampa, Bonn
I. Beitrag zur flammenphotometrischen Bestimmung des Calciums.
Dr.-Ing. K. Konopicky, Bonn
II. Die Wanderung von Schlackenbestandteilen in feuerfesten Baustoffen
1955, 54 Seiten, 10 Abb., 5 Tabellen, DM 11,—

HEFT 150
Prof. Dr.-Ing. O. Kienzle und Dipl.-Ing. W. Timmerbeil, Hannover
Das Durchziehen enger Kragen an ebenen Fein- und Mittelblechen
1955, 52 Seiten, 20 Abb., 8 Tabellen, DM 11,30

HEFT 151
Dipl.-Ing. P. Karabasch, Aachen
Feststellung des optimalen Gasgehaltes von Bronzen zur Erzielung druckdichter Gußstücke
1956, 64 Seiten, 31 Abb., 5 Tabellen, DM 13,90

HEFT 152
Dipl.-Ing. G. Müller, Köln
Ermittlung der Laufeigenschaften (Vergießbarkeit) von Bronze und Rotguß mittels der Schneider-Gießspirale
1955, 60 Seiten, 33 Abb., DM 13,30

HEFT 153
Prof. Dr. F. Wever, Dr.-Ing. W. A. Fischer und Dipl.-Ing. J. Engelbrecht, Düsseldorf
I. Die Reduktion sauerstoffhaltiger Eisenschmelzen im Hochvakuum mit Wasserstoff und Kohlenstoff
II. Einfluß geringer Sauerstoffgehalte auf das Gefüge und Alterungsverhalten von Reineisen
1955, 54 Seiten, 15 Abb., 2 Tabellen, DM 12,40

HEFT 154
Prof. Dr.-Ing. P. Bardenheuer und Dr.-Ing. W. A. Fischer, Düsseldorf
Die Verschlackung von Titan aus Stahlschmelzen im sauren und basischen Hochfrequenzofen unter verschiedenen Schlacken
1955, 36 Seiten, 10 Abb., 1 Tabelle, DM 7,95

HEFT 155
Dipl.-Phys. K. H. Schirmer, München
Die auf Grau abgestimmte Farbwiedergabe im Dreifarbenbuchdruck
1955, 46 Seiten, 17 Abb., 2 Farbtafeln, DM 10,—

HEFT 156
Prof. Dr.-Ing. B. von Borries und Mitarbeiter, Düsseldorf
Die Entwicklung regelbarer permanentmagnetischer Elektronenlinsen hoher Brechkraft und eines mit ihnen ausgerüsteten Elektronenmikroskopes neuer Bauart
1956, 102 Seiten, 52 Abb., DM 22,55

HEFT 157
Dr. W. Jawtusch, Dr. G. Schuster und Prof. Dr.-Ing. R. Jaeckel, Bonn
Untersuchungen über die Stoßvorgänge zwischen neutralen Atomen und Molekülen
1955, 48 Seiten, 15 Abb., 3 Tabellen, DM 10,50

HEFT 158
Dipl.-Ing. W. Rosenkranz, Meinerzhagen
Ein Beitrag zum Problem der Spannungskorrosion bei Preßprofilen und Preßteilen aus Aluminium-Legierungen
1956, 112 Seiten, 61 Abb., 5 Tabellen, DM 27,40

HEFT 159
Dr.-Ing. O. Viertel und O. Oldenroth, Krefeld
Das Bleichen von Weißwäsche mit Wasserstoffsuperoxyd bzw. Natriumhypochlorit beim maschinellen Waschen
1955, 54 Seiten, 23 Abb., 2 Tabellen, DM 11,45

HEFT 160
Prof. Dr. W. Klemm, Münster
Über neue Sauerstoff- und Fluor-haltige Komplexe
1955, 50 Seiten, 13 Abb., 7 Tabellen, DM 10,80

HEFT 161
Prof. Dr. W. Weltzien und Dr. G. Hauschild, Krefeld
Über Silikone und ihre Anwendung in der Textilveredlung
1955, 162 Seiten, 22 Abb., 10 Tabellen, DM 27,—

HEFT 162
Prof. Dr. F. Wever, Prof. Dr. A. Kochendörfer und Dr.-Ing. Chr. Rohrbach, Düsseldorf
Kennzeichnung der Sprödbruchneigung von Stählen durch Messung der Fließspannung, Reißspannung und Brucheinschnürung an dreiachsig beanspruchten Proben
1955, 58 Seiten, 26 Abb., DM 13,—

HEFT 163
Dipl.-Ing. W. Rohs und Text.-Ing. H. Griese, Bielefeld
Untersuchungsarbeiten zur Verbesserung des Leinenwebstuhls III
1955, 80 Seiten, 15 Abb., 18 Tabellen, DM 15,80

HEFT 164
Dr.-Ing. H. Schmachtenberg, Köln
Neuartige Prüfeinrichtungen für Kraftfahrzeuge
1955, 44 Seiten, 23 Abb., DM 9,60

HEFT 165
Dr.-Ing. W. Wilhelm, Aachen
Instationäre Gasströmung im Auspuffsystem eines Zweitaktmotors
1955, 62 Seiten, 31 Abb., 8 Tabellen, DM 13,60

HEFT 166
Prof. Dr. M. v. Stackelberg, Dr. H. Heindze, Dr. H. Hübschke und Dr. K. H. Frangen, Bonn
Kolloidchemische Untersuchungen
1955, 106 Seiten, 8 Abb., 13 Tabellen, DM 21,25

HEFT 167
Prof. Dr.-Ing. F. Schuster, Essen
I. Über die Heißkarburierung von Brenngasen mit Ölen und Teeren
II. Die Strahlungsvorgänge in brennstoffbeheizten Öfen bei verschiedenen Verbrennungsatmosphären
1955, 38 Seiten, 8 Abb., DM 8,30

HEFT 168
Prof. Dr.-Ing. F. Schuster, Essen
I. Luftvorwärmung an Gasfeuerungen
II. Heizwerthöhe von Brenngasen und Wirkungsgrad sowie Gasverbrauch bei der Gasverwendung
III. Sauerstoffangereicherte Luft und feuerungstechnische Kenngrößen von Brenngasen
1955, 60 Seiten, 18 Abb., DM 12,50

HEFT 169
Forschungsinstitut für Pigmente und Lacke, Stuttgart
Arbeiten über die Bestimmung des Gebrauchswertes von Lackfilmen durch physikalische Prüfungen
1955, 70 Seiten, 23 Abb., 4 Tabellen, DM 15,—

HEFT 170
Prof. Dr. F. Wever, Dr. A. Rose und Dipl.-Ing L. Rademacher, Düsseldorf
Anwendung der Umwandlungsschaubilder auf Fragen der Werkstoffauswahl beim Schweißen und Flammhärten
1955, 64 Seiten, 25 Abb., DM 13,70

WESTDEUTSCHER VERLAG · KÖLN UND OPLADEN

HEFT 171
Wäschereiforschung Krefeld
Untersuchung der Wäscheentwässerung mit Hilfe von Zentrifugen und Pressen
1955, 42 Seiten, 16 Abb., 4 Tabellen, DM 9,70

HEFT 172
Dipl.-Ing. W. Rohs, Dr.-Ing. G. Satlow und Text.-Ing. G. Heller, Bielefeld
Trocknung von Hanfgarnen. Kreuzspultrocknung
1955, 60 Seiten, 7 Abb., 4 Tabellen, DM 10,30

HEFT 173
Prof. Dr. R. Hosemann und Dipl.-Phys. G. Schoknecht, Berlin, vorgelegt von Prof. Dr. W. Kast, Krefeld
Lichtoptische Herstellung und Diskussion der Faltungsquadrate parakristalliner Gitter
1956, 108 Seiten, 63 Abb., 6 Tabellen, DM 24,70

HEFT 174
Prof. Dr. W. von Fragstein, Dr. J. Meingast und H. Hoch, Köln
Herstellung von Solen einheitlicher Teilchengröße und Ermittlung ihrer optischen Eigenschaften
1955, 78 Seiten, 80 Abb., 4 Tabellen, DM 18,25

HEFT 175
Dr.-Ing. H. Zeller, Aachen
Beitrag zur eindimensionalen stationären und nichtstationären Gasströmung mit Reibung und Wärmeleitung, insbesondere in Rohren mit unstetigen Querschnittsänderungen.
1956, 138 Seiten, 56 Abb., DM 29,30

HEFT 176
Dipl.-Ing. H. Schöberl, Duisburg
Über die Methoden zur Ermittlung der Verbrennungstemperatur von Brennstoffen und ein Vorschlag zu ihrer Verbesserung
1955, 30 Seiten, 3 Abb., DM 6,50

HEFT 177
Dipl.-Ing. H. Stüdemann, Solingen, und Dr.-Ing. W. Müchler, Essen
Entwicklung eines Verfahrens zur zahlenmäßigen Bestimmung der Schneideigenschaften von Messerklingen
1956, 104 Seiten, 68 Abb., 4 Tabellen, DM 22,20

HEFT 178
Prof. Dr. M. von Stackelberg u. Dr. W. Hans, Bonn
Untersuchungen zur Ausarbeitung und Verbesserung von polarographischen Analysenmethoden
1955, 46 Seiten, 14 Abb., DM 10,50

HEFT 179
Dipl.-Ing. H. F. Reineke, Bochum
Entwicklungsarbeiten auf dem Gebiete der Meß- und Regeltechnik
1955, 46 Seiten, 10 Abb., DM 10,—

HEFT 180
Dr.-Ing. W. Piepenburg, Dipl.-Ing. B. Bühling und Bauing. J. Behnke, Köln
Putzarbeiten im Hochbau und Versuche mit aktiviertem Mörtel und mechanischem Mörtelauftrag
1955, 116 Seiten, 31 Abb., 68 Tabellen, DM 23,—

HEFT 181
Prof. Dr. W. Franz, Münster
Theorie der elektrischen Leitvorgänge in Halbleitern und isolierenden Festkörpern bei hohen elektrischen Feldern
1955, 28 Seiten, 2 Abb., 1 Tabelle, DM 6,20

HEFT 182
Dr.-Ing. P. Schenk u. Dr. K. Osterloh, Düsseldorf
Katalytisch-thermische Spaltung von gasförmigen und flüssigen Kohlenwasserstoffen zur Spitzengaserzeugung
1955, 50 Seiten, 11 Abb., 11 Tabellen, DM 10,90

HEFT 183
Dr. W. Bornheim, Köln
Entwicklungsarbeiten an Flaschen- und Ampullen-Behandlungsmaschinen für die pharmazeutische Industrie
1956, 48 Seiten, 24 Abb., DM 11,70

HEFT 184
Dr.-Ing. E. Printz, Kettwig
Vollhydraulische Parallel-Kupplung für Ackerschlepper
1955, 32 Seiten, 4 Abb., DM 7,80

HEFT 185
Dipl.-Ing. W. Rohs und Text.-Ing. G. Heller, Bielefeld
Studien an einem neuzeitlichen Kreuzspultrockner für Bastfasergarne mit Wiederbefeuchtungszone
1955, 52 Seiten, 9 Abb., 3 Tabellen, DM 10,70

HEFT 186
Dr. E. Wedekind, Krefeld
Untersuchungen zur Arbeitsbestgestaltung bei der Fertigstellung von Oberhemden in gewerblichen Wäschereien
1955, 124 Seiten, 28 Abb., 6 Tabellen, 2 Falttaf., DM 12,—

HEFT 187
Dipl.-Ing. F. Göttgens, Essen
Über die Eigenarten der Bimetall-, Thermo- und Flammenionisationssicherungsmethode in ihrer Anwendung auf Zündsicherungen
1955, 40 Seiten, 6 Abb., 4 Tabellen, DM 8,40

HEFT 188
W. Kinnebrock, Langenberg (Rhld.)
Der Einfluß des Austausches gleicher Gaskochbrenner bzw. Gaskochbrennerteile auf den Wirkungsgrad und insbesondere auf den CO-Gehalt der Verbrennungsgase
1955, 42 Seiten, 7 Tabellen, DM 8,70

HEFT 189
Fa. E. Leybold's Nachfolger, Köln
I. Ausgewählte Kapitel aus der Vakuumtechnik
II. Zum Verlust anorganisch-nichtflüchtiger Substanzen während der Gefriertrocknung
1955, 52 Seiten, 16 Abb., 3 Tabellen, DM 11,20

HEFT 190
Prof. Dr. A. Neuhaus, Prof. Dr. O. Schmitz-DuMont und Dipl.-Chem. H. Reckhard, Bonn
Zur Kenntnis der Alkalititanate
1955, 60 Seiten, 13 Abb., 1 Tabelle, DM 12,20

HEFT 191
Dr. H. Söhngen, Darmstadt
Schwingungsverhalten eines Schaufelkranzes im Vakuum
1955, 36 Seiten, 7 Abb., DM 7,80

HEFT 192
Dipl.-Phys. E. M. Schneider, München
Kohlebogenlampen für Aufnahme und Kopie
1955, 48 Seiten, 21 Abb., 3 Tabellen, DM 10,60

HEFT 193
Prof. Dr. O. Schmitz-DuMont, Bonn
Untersuchungen über neue Pigmentfarbstoffe
1956, 50 Seiten, 16 Abb., 8 Tabellen, DM 11,20

HEFT 194
Dr. K. Hecht, Köln
Entwicklung neuartiger physikalischer Unterrichtsgeräte
1955, 42 Seiten, 16 Abb., DM 9,90

HEFT 195
Dr.-Ing. E. Rößger, Köln
Gedanken über einen neuen deutschen Luftverkehr
1955, 342 Seiten, 29 Abb., 122 Tabellen, DM 50,—

HEFT 196
Dipl.-Ing. W. Rohs und Text.-Ing. H. Griese, Bielefeld
Auswirkungen von Garnfehlern bei der Verarbeitung von Leinengarnen
1955, 36 Seiten, 3 Abb., 6 Tabellen, DM 7,80

HEFT 197
Dr. E. Wedekind, Krefeld
Untersuchungen zur Bestimmung der optimalen Arbeitsplatzgröße bei Mehrstuhlarbeit in der Weberei
1955, 92 Seiten, 34 Abb., DM 18,50

HEFT 198
Prof. Dr. J. Weissinger, Karlsruhe
Zur Aerodynamik des Ringflügels. Die Druckverteilung dünner, fast drehsymmetrischer Flügel in Unterschallströmung
1955, 42 Seiten, 5 Abb., DM 9,—

HEFT 199
Textilforschungsanstalt Krefeld
Die Messung von Gewebetemperaturen mittels Temperaturstrahlung
1955, 50 Seiten, 12 Abb., DM 10,90

HEFT 200
R. Seipenbusch, Langenberg (Rhld.)
Spitzengas durch Zusatz von Flüssiggas-Wassergas- und Flüssiggas-Generatorgas-Gemischen zu Stadtgas
1955, 48 Seiten, 21 Tabellen, DM 10,35

HEFT 201
Dr.-Ing. E. W. Pleines, Frankfurt/Main
Die Sicherheit im Luftverkehr
1956, 194 Seiten, 39 Abb., 19 Tabellen, DM 39,50

HEFT 202
Dipl.-Ing. D. Fiecke, Stuttgart/Zuffenhausen
Die Bestimmung der Flugzeugpolaren für Entwurfszwecke. I Teil: Unterlagen
1956, 216 Seiten, 171 Diagr., DM 59,70

HEFT 203
Dr. G. Wandel, Bonn
Uferbewachsung und Lebendverbauung an den Nordwestdeutschen Kanälen und ihren Zuflüssen sowie an der Ruhr
1956, 122 Seiten, 88 Abb., DM 25,70

HEFT 204
Dipl.-Ing. B. Naendorf, Langenberg (Rhld.)
Bestimmung der Brenneigenschaften und des Brennverhaltens verschiedener Gasarten und Einfluß verschiedener Düsengestaltung
1955, 32 Seiten, DM 7,10

HEFT 205
Dr. C. Schaarwächter, Düsseldorf
Über plastische Kupfer-Eisen-Phosphor-Legierungen
1936, 36 Seiten, 10 Abb., 10 Tabellen, DM 8,30

HEFT 206
Dr. P. Hölemann, Ing. R. Hasselmann und Ing. G. Dix, Dortmund
Untersuchungen über die Vorgänge bei der Zersetzung von in Azeton gelöstem Azetylen
1956, 74 Seiten, 7 Abb., 7 Tabellen, DM 15,55

HEFT 207
Prof. Dr.-Ing. H. Opitz, Dipl.-Ing. K. H. Fröhlich und Dipl.-Ing. H. Siebel, Aachen
Richtwerte für das Fräsen von unlegierten und legierten Baustählen mit Hartmetall. I. Teil
1956, 48 Seiten, 27 Abb., 3 Tabellen, DM 11,10

HEFT 208
Prof. Dr.-Ing. H. Müller, Essen
Untersuchung von Elektrowärmegeräten für Laienbedienung hinsichtlich Sicherheit und Gebrauchsfähigkeit. I. Untersuchungen an Kochplatten
1956, 100 Seiten, 76 Abb., 7 Tabellen, DM 22,70

HEFT 209
Dr. K. Bunge, Leverkusen
Materialabbau in Funkenentladungen. Untersuchungen an Zinkkathoden
1956, 54 Seiten, 10 Abb., 5 Tabellen, DM 11,40

HEFT 210
Dr. W. Porschen und Prof. Dr. W. Riezler, Bonn
Langlebige Alphaaktivitäten bei natürlichen Elementen
1955, 40 Seiten, 5 Abb., 4 Tabellen, DM 8,80

HEFT 211
Prof. Dipl.-Ing. W. Sturtzel und Dr.-Ing. W. Graff, Duisburg
Die Versuchsanstalt für Binnenschiffbau, Duisburg
1956, 48 Seiten, 22 Abb., 11,—

HEFT 212
Dipl.-Ing. H. Spodig, Selm
Untersuchung zur Anwendung der Dauermagnete in der Technik
1955, 44 Seiten, 25 Abb., DM 9,80

HEFT 213
Dipl.-Ing. K. F. Rittinghaus, Aachen
Zusammenstellung eines Meßwagens für Bau- und Raumakustik
1957, 96 Seiten 17 Abb., 7 Tabellen DM 19,80

HEFT 214
Dr.-Ing. J. Endres, München
Berechnung der optimalen Leistungen, Kraftstoffverbräuche und Wirkungsgrade von Einkreis-Turbolader-Strahltriebwerken am Boden und in der Höhe bei Fluggeschwindigkeiten von 0—2000 km/h
1956, 72 Seiten, 18 Abb., 8 Tabellen, DM 15,40

HEFT 215
Prof. Dr.-Ing. H. Opitz und Dr.-Ing. G. Weber, Aachen
Einfluß der Wärmebehandlung von Baustählen auf Spanentstehung, Schnittkraft- und Standzeitverhalten
1956, 80 Seiten, 30 Abb., 10 Tabellen, DM 18,40

HEFT 216
Dr. E. Kloth, Köln
Untersuchungen über die Ausbreitung kurzer Schallimpulse bei der Materialprüfung mit Ultraschall
1956, 90 Seiten, 60 Abb., 4 Tabellen, DM 19,40

HEFT 217
Rationalisierungskuratorium der Deutschen Wirtschaft (RKW), Frankfurt/Main
Typenvielzahl bei Haushaltgeräten und Möglichkeiten einer Beschränkung
1956, 328 Seiten, 2 Abb., 181 Tabellen, DM 49,50

HEFT 218
Dr. F. Keune, Aachen
Bericht über eine Theorie der Strömung um Rotationskörper ohne Anstellung bei Machzahl Eins
1955, 40 Seiten, 8 Abb., 5 Formelblätter, DM 8,80

WESTDEUTSCHER VERLAG · KÖLN UND OPLADEN

HEFT 219
Prof. Dr. W. Fuchs, Aachen
Untersuchungen zur Holzabfallverwertung und zur Chemie des Lignins
1955, 54 Seiten, 11 Abb., 15 Tabellen DM 11,40

HEFT 220
Prof. Dr. W. Fuchs, Aachen
Die Entwicklung neuer Regel- und Kontroll-Apparate zur coulometrischen Analyse
1956, 76 Seiten, 17 Abb. 23 Tabellen, DM 15,50

HEFT 221
Dr. W. Meyer-Eppler, Bonn
Experimentelle Untersuchungen zum Mechanismus von Stimme und Gehör in der lautsprachlichen Kommunikation
1955, 56 Seiten, 24 Abb., DM 13,45

HEFT 222
Dr. L. Köllner, Münster, und Dipl.-Volkswirt M. Kaiser, Bochum
Die internationale Wettbewerbsfähigkeit der westdeutschen Wollindustrie
1956, 214 Seiten, DM 39,50

HEFT 223
Dr.-Ing. K. Alberti und Dr. F. Schwarz, Köln
Über das Problem Hartbrand-Weichbrand
1956, 54 Seiten, 25 Abb., 14 Tabellen, DM 12,10

HEFT 224
Dipl.-Ing. H. Stüdemann und Ing. R. Beu, Solingen
Verfahren zur Prüfung der Korrosionsbeständigkeit von Messerklingen aus rostfreiem Stahl
1956, 82 Seiten, 28 Abb., DM 16,90

HEFT 225
Dr.-Ing. E. Barz, Remscheid
Der Spannungszustand von Gattersägeblättern
1956, 74 Seiten, 54 Abb., DM 16,50

HEFT 226
Technisch-wissenschaftliches Büro für die Bastfaserindustrie, Bielefeld
Untersuchungen zur Verbesserung des Leinenwebstuhles IV
Die Wirkung verschiedener Kettbaumbremsen auf die Verwebung von Leinengarnen
1956, 64 Seiten, 9 Abb., 4 Tabellen, DM 13,50

HEFT 227
Prof. Dr. F. Wever, Düsseldorf und Dr. W. Wepner, Köln
Untersuchung der Alterungsneigung von weichen unlegierten Stählen durch Härteprüfung bei Temperaturen bis 300 Grad C
1956, 34 Seiten, 20 Abb., 3 Tabellen, DM 7,95

HEFT 228
Prof. Dr. F. Wever, Dr. W. Koch, Düsseldorf, und Dr. B. A. Steinkopf, Dortmund
Spektrochemische Grundlagen der Analyse von Gemischen aus Kohlenmonoxyd, Wasserstoff und Stickstoff
1956, 42 Seiten, 18 Abb., 1 Tabelle, DM 9,90

HEFT 229
Prof. Dr. F. Wever, Dr. W. Koch und Dr.-Ing. H. Malissa, Düsseldorf
Über die Anwendung disubstituierter Dithiocarbamate der analytischen Chemie
1956, 44 Seiten, 30 Abb., 5 Tabellen, DM 10,50

HEFT 230
Prof. Dr. F. Wever, Düsseldorf, und Dr. W. Wepner, Köln
Bestimmung kleiner Kohlenstoffgehalte im Alpha-Eisen durch Dämpfungsmessung
1956, 34 Seiten, 5 Abb., 2 Tabellen, DM 7,70

HEFT 231
Dr.-Ing. W. Küch, Dortmund
Über die Wechselwirkung zwischen Holzschutzbehandlung und Verleimung
1956, 48 Seiten, 10 Abb., 8 Tabellen, DM 10,40

HEFT 232
Prof. Dr.-Ing. O. Kienzle, Hannover, und Dr.-Ing. H. Münnich, Schweinfurt
Feststellung der Spannungen und Dehnungen und Bruchdrehzahlen der unter Fliehkraft und Bearbeitungskraft beanspruchten Schleifkörper
in Vorbereitung

HEFT 233
Dr. H. Haase, Hamburg
Infrarot-Bibliographie
1956, 90 Seiten, DM 17,80

HEFT 234
Dr.-Ing. K. G. Speith und Dr.-Ing. A. Bungeroth, Duisburg
Versuche zur Steigerung des Kokillen-Schluckvermögens beim Stranggießen von Stahl
1956, 26 Seiten, 5 Abb., DM 6,15

HEFT 235
Prof. Dr.-Ing. K. Leist und Dipl.-Ing. W. Dettmering, Aachen
Turbinenschaufeln aus Kunststoff für Kaltluftversuchsanlagen
1956, 46 Seiten, 43 Abb., 3 Tabellen, DM 12,30

HEFT 236
Dr.-Ing. O. Viertel und S. Lucas, Krefeld
Ergebnisse einer Hausfrauenbefragung über Wascheinrichtungen und Waschmethoden in städtischen Haushaltungen
1956, 34 Seiten, 4 Abb., DM 7,60

HEFT 237
Dr. P. Endler und Dr. H. Ludes, Köln
Bericht über eine Studienreise zur Orientierung der heutigen Behandlung der Lungentuberkulose in den Vereinigten Staaten von Nordamerika
1956, 32 Seiten, DM 7,10

HEFT 238
Institut für textile Meßtechnik, M.-Gladbach, e. V.
Untersuchungen der Verzugsvorgänge an den Streckwerken verschiedener Spinnereimaschinen. 3. Bericht: Theoretische Betrachtungen über den Einfluß schlagender Zylinder und Druckrollen
1956, 66 Seiten, 21 Abb., DM 14,10

HEFT 239
Prof. Dr.-Ing. K. Leist, Dipl.-Ing. H. Scheele, Aachen, und Dipl.-Ing. F. H. Flottmann, Herne
Versuche an einem neuartigen luftgekühlten Hochleistungs-Kolbenkompressor
1956, 72 Seiten, 19 Abb., 7 Tabellen, DM 14,40

HEFT 240
Prof. Dr.-Ing. K. Leist und Dipl.-Ing. H. Scheele, Aachen
Temperaturmessungen an einem einstufigen luftgekühlten 4-Zylinder-Kolbenkompressor mit Kühlgebläse
1956, 74 Seiten, 36 Abb., DM 14,80

HEFT 241
Prof. Dr.-Ing. K. Leist und Dipl.-Ing. M. Pötke, Aachen
Leistungsversuche an einem Kühlluftgebläse
1956, 60 Seiten, 13 Abb., DM 11,70

HEFT 242
Prof. Dr.-Ing. K. Leist und Dipl.-Ing. K. Graf, Aachen
Straßenfahrzeuge mit Gasturbinenantrieb
1956, 82 Seiten, 63 Abb., DM 17,20

HEFT 243
Prof. Dr.-Ing. K. Leist und Dipl.-Ing. S. Förster, Aachen
Die französische Kleingasturbine Artouste — 1. Teil
1956, 80 Seiten, 41 Abb., DM 15,85

HEFT 244
Prof. Dr. F. Wever, Dr. W. Koch und Dr. S. Eckhard, Düsseldorf
Erfahrungen mit der spektrochemischen Analyse von Gefügebestandteilen des Stahles
1956, 32 Seiten, 8 Abb., 2 Tabellen, DM 7,80

HEFT 245
Prof. Dr.-Ing. habil. K. Krekeler, Aachen
Das Verbinden von Metallen durch Kunstharzkleber. Teil I: Eigenschaften und Verwendung der Metallklebstoffe
1956, 48 Seiten, 8 Abb., DM 10,25

HEFT 246
Prof. Dr.-Ing. habil. K. Krekeler, Aachen
Das Verbinden von Metallen durch Kunstharzkleber. Teil II: Untersuchungen an geklebten Leichtmetall-Verbindungen
1956, 80 Seiten, 40 Abb., DM 17,50

HEFT 247
Dr. H. Söhngen, Darmstadt
Strömung vor einem Überschall-Laufrad
1956, 26 Seiten, 4 Abb., DM 7,60

HEFT 248
Rheinische Aktiengesellschaft für Braunkohlenbergbau und Brikettfabrikation, Köln
Untersuchungen der Bindemitteleigenschaften von Braunkohlenfilteraschen
1956, 176 Seiten, 26 Abb., 30 Tabellen, DM 35,60

HEFT 249
Dr. M.-E. Meffert, Essen
Weitere Kulturversuche Scenedesmus obliquus
1956, 36 Seiten, 5 Abb., 10 Tabellen, DM 8,—

HEFT 250
Dr. F. Schwarz und Dr.-Ing. K. Alberti, Köln
Entwicklung von Untersuchungsverfahren zur Gütebeurteilung von Industriekalken
1956, 36 Seiten, 9 Abb., DM 16,50

HEFT 251
Prof. Dr. H. Bittel, Münster
Zur Statistik der ferromagnetischen Elementarvorgänge und ihren Einfluß auf das Barkhausenrauschen
1956, 52 Seiten, 14 Abb., DM 11,65

HEFT 252
Dipl.-Ing. H. Frings, Geilenkirchen
Die Wirkung abfallender Wetterführung auf Wettertemperatur, Grubengasgehalt und Staubbildung
1957, 126 Seiten, 23 Abb., 13 Falttafeln, 38 Tab., DM 35,70

HEFT 253
Dipl.-Ing. S. Schirmanski, Berghausen
Stand und Auswertung der Forschungsarbeiten über Temperatur- und Feuchtigkeitsgrenzen bei der bergmännischen Arbeit
1957, 80 Seiten, 24 Abb., 12 Tab., DM 17,10

HEFT 254
Prof. Dr. R. Danneel, Bonn
Quantitative Untersuchungen über die Entwicklung des Ehrlich-Ascitestumors bei Inzuchtmäusen
1956, 52 Seiten, 17 Tabellen, DM 11,75

HEFT 255
Ing. B. v. Schlippe, Bad Nauheim
Strömung von Flüssigkeiten mit temperaturabhängiger Zähigkeit (Kühlung von Öfen)
1956, 54 Seiten, 12 Abb., 4 Tabellen, DM 11,70

HEFT 256
Prof. Dr. C. Schmieden und Dipl.-Math. K. H. Müller, Darmstadt
Die Strömung einer Quellstrecke im Halbraum — eine strenge Lösung der Navier-Stokes-Gleichungen
1956, 40 Seiten, 9 Abb., DM 8,80

HEFT 257
Prof. Dr. G. Lehmann und Dr. J. Tamm, Dortmund
Die Beeinflussung vegetativer Funktionen des Menschen durch Geräusche
1956, 48 Seiten, 25 Abb., 3 Tabellen, DM 11,20

HEFT 258
Dr. H. Paul, Linz (Rhein), und Prof. Dr. O. Graf, Dortmund
Zur Frage der Unfälle im Bergbau
1956, 52 Seiten, 9 Abb., 22 Tabellen, DM 11,20

HEFT 259
Prof. D. W. Linke, Aachen
Strömungsvorgänge in künstlich belüfteten Räumen
1956, 52 Seiten, 37 Abb., 1 Tabelle, DM 11,80

HEFT 260
Prof. Dr. W. Kast, Freiburg (Br.), Prof. Dr. A. H. Stuart und Dipl.-Phys. H. G. Fendler, Hannover
Lichtzerstreuungsmessungen an Lösungen hochpolymerer Stoffe
1956, 70 Seiten, 25 Abb., 5 Tabellen, DM 15,60

HEFT 261
Prof. Dr. W. Kast, Freiburg (Br.)
Feinstruktur-Untersuchungen an künstlichen Zellulosefasern verschiedener Herstellungsverfahren. Teil II: Der Kristallisationszustand
1956, 80 Seiten, 27 Abb., 11 Tabellen, DM 17,20

HEFT 262
Dr.-Ing. W. Batel, Aachen
Untersuchungen zur Absiebung feuchter, feinkörniger Haufwerke und Schwingsieben
1956, 100 Seiten, 45 Abb., 5 Tabellen, DM 23,40

HEFT 263
Prof. Dr. H. Lange und Dipl.-Phys. R. Kohlhaas, Köln
Über die Wärmeleitfähigkeit von Stählen bei hohen Temperaturen: Teil I: Literaturbericht
1956, 48 Seiten, 26 Abb., 8 Tabellen, DM 10,70

HEFT 264
Prof. Dr. W. Weizel, Bonn
Durch schnelle Funkenzusammenbrüche ausgelöste Signale auf einer Leitung
1956, 26 Seiten, 4 Abb., 3 Tabellen, DM 6,10

HEFT 265
Prof. Dr. F. Micheel und Dr. R. Engel, Münster
Eine Apparatur zur elektrophoretischen Trennung von Stoffgemischen
1956, 38 Seiten, 21 Abb., DM 9,20

HEFT 266
Fliesen-Beratungsstelle Bad Godesberg-Mehlem
Güteeigenschaften keramischer Wand- und Bodenfliesen und deren Prüfmethoden
1956, 32 Seiten, DM 7,10

HEFT 267
Prof. Dr. W. Weizel und B. Brandt, Bonn
Zur Stabilität stromstarker Glimmentladungen
1956, 36 Seiten, 7 Abb., DM 8,40

WESTDEUTSCHER VERLAG · KÖLN UND OPLADEN

HEFT 268
Prof. Dr.-Ing. G. Vogelpohl, Göttingen
Über die Tragfähigkeit von Gleitlagern und ihre Berechnung
1956, 76 Seiten, 24 Abb., 7 Tabellen, DM 16,85

HEFT 269
Markscheider R. Bals, Bochum
Eignung des Gebirgsankerausbaus zur Erleichterung des Streckenvortriebs im Steinkohlenbergbau
1956, 84 Seiten, 41 Abb., DM 18,75

HEFT 270
Dr. H. Krebs und Mitarbeiter, Bonn
Die Trennung von Racematen auf chromatographischem Wege
1956, 62 Seiten, 18 Tabellen, DM 12,95

HEFT 271
Prof. Dr.-Ing. H. Opitz und Dipl.-Ing. H. Axer, Aachen
Beeinflussung des Verschleißverhaltens bei spanenden Werkzeugen durch flüssige und gasförmige Kühlmittel und elektrische Maßnahmen
1956, 46 Seiten, 28 Abb., DM 10,70

HEFT 272
Prof. Dr. W. Fuchs und Dr. H. Dresia, Aachen
Untersuchungen über die Schnellverbrennung und Schnellvergasung fester Brennstoffe
1956, 56 Seiten, 14 Abb., 3 Tabellen, DM 11,90

HEFT 273
Fa. K. W. Tacke G.m.b.H., Wuppertal-Barmen
Erfahrungen beim Verspinnen von Perlonfasern und bei der Herstellung von Trikotagen aus gesponnenem Perlon
1956, 36 Seiten, DM 7,90

HEFT 274
Prof. Dr.-Ing. K. Krekeler, Aachen
Qualitative Untersuchungen bei Verbindungsschweißungen mittels Lichtbogenschweißautomaten unter Verwendung von Blankdraht und Zugabe von ferromagnetischem Pulver als Umhüllung
1956, 68 Seiten, 40 Abb., 8 Tabellen, DM 15,45

HEFT 275
Prof. Dr.-Ing. habil. K. Krekeler, Aachen, und Dipl.-Ing. H. Verhoeven, Aachen
Quantitative Untersuchungen von Punktschweißverbindungen an Tiefzieh- und Aluminiumblechen, die nach dem Argonarc-Punktschweißverfahren hergestellt werden
1956, 64 Seiten, 45 Abb., DM 14,60

HEFT 276
Fa. E. Haage, Mülheim (Ruhr)
Entwicklungsarbeiten im Apparatebau für Laboratorien
1956, 48 Seiten, 18 Abb., DM 10,50

HEFT 277
Dr.-Ing. W. Müchler, Essen
Untersuchung und zahlenmäßige Bestimmung der Schneideigenschaften von Messern mit besonderer Berücksichtigung rostfreier Messerstähle
1956, 60 Seiten, 27 Abb., 5 Tabellen, DM 13,20

HEFT 278
Dipl.-Ing. J. Stelter und Dipl.-Ing. H. Kickert, Aachen
I. Sichtbarmachung von Ultraschallfeldern unter Verwendung photographischer Emulsionsschichten
II. Methode zur Bestimmung der wirklichen Temperaturverhältnisse in Flüssigkeiten während der Beschallung (Nach einer Diplom-Arbeit von H. Schnitzler)
1956, 54 Seiten, 24 Abb., DM 12,75

HEFT 279
Dr. F. Keune, Aachen
Der gewölbte und verwundene Tragflügel ohne Dicke in Schallnähe
1956, 42 Seiten, 15 Abb., DM 9,25

HEFT 280
Dipl.-Ing. J. Stelter und Dipl.-Ing. E. Pfende, Aachen
Über Störerscheinungen bei Schallgeschwindigkeitsmessungen mittels der Interferometermethode
1956, 42 Seiten, 13 Abb., DM 9,60

HEFT 281
Prof. Dr.-Ing. K. Lürenbaum, Aachen
Der Meßwagen des Instituts für Maschinen-Dynamik der Deutschen Versuchsanstalt für Luftfahrt, Aachen
1956, 34 Seiten, 17 Abb., DM 8,60

HEFT 282
Bergrat a. D. Scherer, Bochum
Das B. T.-Schwelverfahren und seine Anwendung auf der Anlage Marienau
1956, 44 Seiten, 7 Abb., DM 9,60

HEFT 283
Prof. Dr. F. Wever und Dr.-Ing. W. Lueg, Düsseldorf
Warmstauchversuche zur Ermittlung der Formänderungsfestigkeit von Gesenkschmiede-Stählen
1956, 44 Seiten, 19 Abb., DM 9,90

Heft 284
Prof. Dr. F. Wever, Düsseldorf, Dr.-Ing. H. J. Wiester, Essen, Dr.-Ing. F. W. Straßburg, Duisburg, Prof. Dr.-Ing. H. Opitz, Aachen, und Dr.-Ing. K. H. Fröhlich, Köln
Einfluß des Gefüges auf die Zerspanbarkeit von Einsatz- und Vergütungsstählen
1957, 88 Seiten, 126 Abb., 11 Tab., DM 22,45

HEFT 285
Prof. Dr.-Ing. O. Kienzle, Dr.-Ing. K. Lange, Hannover, und Dipl.-Ing. H. Meinert, Osterode
Einfluß der Oberfläche auf das Verschleißverhalten von Schmiedegesenken
1956, 62 Seiten, 29 Abb., 8 Tabellen, DM 14,60

HEFT 286
Dr.-Ing. K. Lange, Hannover, Dipl.-Ing. H. Meinert, Osterode, unter Mitarbeit von Dr.-Ing. H. Arend, Mülheim (Ruhr)
Verschleißverhalten hartverchromter Schmiedegesenke
1956, 74 Seiten, 53 Abb., 6 Tabellen, DM 17,65

HEFT 287
Prof. Dr.-Ing. habil. K. Krekeler, Aachen
Änderungen der mechanischen Eigenschaftswerte thermoplastischer Kunststoffe bei Beanspruchung in verschiedenen Medien
1956, 62 Seiten, 23 Abb., 5 Tabellen, DM 13,70

HEFT 288
Dr. K. Brücker-Steinkuhl, Düsseldorf
Anwendung mathematisch-statischer Verfahren in der Industrie
1956, 103 Seiten, 27 Abb., 14 Tabellen, DM 24,20

HEFT 289
Prof. Dr.-Ing. H. Winterhager, Aachen
Kombinierter Widerstands- und Lichtbogen-Vakuumofen zur Verarbeitung von Titanschwamm
Prof. Dr. h. c. R. Schwarz, Aachen
Erforschung neuer Wege zur Darstellung von Titanmetall
1957, 42 Seiten, 18 Abb., DM 9,70

HEFT 290
Dr. D. Horstmann, Düsseldorf
I. Der verstärkte Angriff des Zinks auf Eisen im Temperaturgebiet um 500° C
II. Einfluß eines Antimongehaltes auf den Angriff von Zinkschmelzen auf Eisen
1956, 48 Seiten, 33 Abb., 3 Tabellen, DM 11,90

HEFT 291
Dr.-Ing. H. J. Wiester und Dr. D. Horstmann, Düsseldorf
Der Angriff eisengesättigter Zinkschmelzen auf silizium- und manganhaltiges Eisen
1956, 52 Seiten, 45 Abb., 8 Tabellen, DM 12,60

HEFT 292
Dipl.-Ing. W. Rohs und Text.-Ing. H. Griese, Bielefeld
Webversuche an Leinenwebstühlen mit verbesserter Schaftbewegung
1956, 34 Seiten, 3 Abb., 2 Tabellen, DM 7,60

HEFT 293
Prof. Dr. J. W. Korte, unter Mitarbeit von Dipl.-Ing. P. A. Mäcke und Dipl.-Ing. W. Leutzbach, Aachen
Die Leistungsfähigkeit von Verkehrsanlagen des motorisierten städtischen Straßenverkehrs
1956, 98 Seiten, 35 Abb., 5 Tabellen, 1 Falttafel, DM 22,50

HEFT 294
Dipl.-Ing. B. Naendorf, Essen
Untersuchungen industrieller Gasbrenner
1956, 58 Seiten, 6 Abb., 3 Tabellen, DM 12,40

HEFT 295
Prof. Dr.-Ing. H. Opitz und Dipl.-Ing. H. Axer, Aachen
Untersuchung und Weiterentwicklung neuartiger elektrischer Bearbeitungsverfahren
1956, 42 Seiten, 27 Abb., 10 Tabellen, DM 10,30

HEFT 296
Prof. Dr.-Ing. H. Opitz, Aachen
I. Untersuchungen an elektronischen Regelantrieben
II. Statische Untersuchungen zur Ausnutzung von Drehbänken
1956, 46 Seiten, 18 Abb., DM 10,40

HEFT 297
Dr. K. Schaarwächter, Düsseldorf
Die Reduktion von Siliziumtetrachlorid im Lichtbogen zur nachfolgenden Silizierung von Eisenblechen
in Vorbereitung

HEFT 298
Prof. Dr.-Ing. E. Oehler, Aachen
Untersuchung von kritischen Drehzahlen, die durch Kreiselmomente verursacht werden
1956, 50 Seiten, 35 Abb., DM 13,15

HEFT 299
Dr. J. Fassbender und W. Hoppe, Bonn
Eine photoelektrische Nachlaufeinrichtung für Analogie-Rechenmaschinen
1956, 20 Seiten, 8 Abb., DM 7,65

HEFT 300
Prof. Dr. E. Schütz und Privatdozent Dr. H. Caspers, Münster
Tierexperimentelle Untersuchungen über die Alkoholwirkungen auf Erregbarkeit und bioelektrische Spontanaktivität der Hirnrinde
1956, 44 Seiten, 6 Abb., 1 Tabelle, DM 9,55

HEFT 301
Prof. Dr. W. Weltzien, Dr. G. Cossmann und P. Diehl, Krefeld
Über die fraktionierte Füllung von Polyamiden (II)
1956, 54 Seiten, 1 Abb., 16 Tabellen, DM 11,30

HEFT 302
Prof. Dr.-Ing. W. Wegener und Dipl.-Ing. W. Zahn, Aachen
Untersuchungen von gesponnenen Garnen auf ihre Gleichmäßigkeit nach verschiedenen Meßmethoden
1957, 58 Seiten, 34 Abb., DM 15,20

HEFT 303
Prof. Dr. Ing. S. Kiesskalt, Aachen
Das Institut für die Forschungsgesellschaft Verfahrenstechnik e. V. an der Technischen Hochschule Aachen
1956, 76 Seiten, 20 Abb., 3 Tabellen, DM 16,40

HEFT 304
Prof. Dr.-Ing. K. Krekeler, Düsseldorf, und Dipl.-Ing. A. Kleine-Albers, Aachen
Beitrag zur thermoelastischen Warmformbarkeit von Hart-PVC
1957, 72 Seiten, 29 Abb., DM 17,70

HEFT 305
Prof. Dr.-Ing. K. Krekeler, Düsseldorf, Dr.-Ing. H. Peukert, Aachen, und Dipl.-Ing. W. Schmitz, Siegburg
Heißgas-Schweißung von Hart-Polyvinylchlorid mit Zusatzwerkstoff
1956, 44 Seiten, 27 Abb., 5 Tabellen, DM 12,50

HEFT 306
Prof. Dr. B. Rensch, Münster
Elektrophysiologische Untersuchungen zur Analysierung der Bildung von Assoziationen und Gedächtnisspuren in Gehirn und Rückenmark
Prof. Dr. A. Loeser, Münster
Akute und chronische Giftwirkungen sauerstoffhaltiger Lösungsmittel
1956, 36 Seiten, 9 Abb., DM 8,90

HEFT 307
Privatdozent Dr. J. Juilfs, Krefeld
Vergleichende Untersuchungen zur elastischen und bleibenden Dehnung von Fasern
1956, 36 Seiten, 11 Abb., DM 8,30

HEFT 308
Privatdozent Dr. J. Juilfs, Krefeld
Zur Messung der Fadenglätte
1956, 22 Seiten, 10 Abb., 2 Tabellen, DM 8,—

HEFT 309
Prof. Dr. K. Cruse und Mitarbeiter, Clausthal-Zellerfeld
Aufbau und Arbeitsweise eines universell verwendbaren Hochfrequenz-Titrationsgerätes
1957, 48 Seiten, 29 Abb., DM 11,90

HEFT 310
Dr. P. F. Müller, Bonn
Die Integrieranlage des Rheinisch-Westfälischen Instituts für Instrumentelle Mathematik in Bonn
1956, 62 Seiten, 6 Abb., 30 Satzskizzen, DM 14,45

HEFT 311
Prof. Dr. F. Wever und Dr. M. Hempel, Düsseldorf
Dauerschwingfestigkeit von Stählen bei erhöhten Temperaturen
Teil I: Erkenntnisse aus bisherigen Dauerschwingversuchen in der Wärme
1956, 48 Seiten, 19 Abb., 2 Tabellen, DM 10,90

HEFT 312
Prof. Dr. F. Wever und Dr. M. Hempel, Düsseldorf
Dauerschwingfestigkeit von Stählen bei erhöhten Temperaturen
Teil II: Zug-Druck-Dauerschwingversuche an zwei warmfesten Stählen bei Temperaturen von 500 bis 650°
1956, 48 Seiten, 20 Abb., 3 Tabellen, DM 13,—

WESTDEUTSCHER VERLAG · KÖLN UND OPLADEN

HEFT 313
*Prof. Dr. F. Wever, Dr. W. Koch und
Dipl.-Phys. H. Rohde, Düsseldorf*
Änderungen des Habitus und der Gitterkonstanten des Zementits in Chromstählen bei verschiedenen Wärmebehandlungen
1956, 88 Seiten, 29 Abb., 8 Tabellen, DM 20,90

HEFT 314
Prof. Dr. F. Wever, Dr.-Ing. A. Krisch, Düsseldorf, und Dr.-Ing. H.-J. Wiester, Essen
Veränderungen im Gefügeaufbau von Chrom-Nickel-Molybdän-Stählen bei langzeitiger Beanspruchung im Zeitstandversuch bei 500°
1956, 48 Seiten, 26 Abb., 5 Tabellen, DM 11,70

HEFT 315
Prof. Dr. F. Wever und Dr.-Ing. A. Krisch, Düsseldorf
Metallkundliche Untersuchungen an Zeitstandproben
1956, 38 Seiten, 12 Abb., DM 9,15

HEFT 316
Dr. F. Keune, Aachen
Zusammenfassende Darstellung und Erweiterung des Aequivalenzsatzes für schallnahe Strömung
1956, 80 Seiten, 22 Abb., DM 17,90

HEFT 317
Dr.-Ing. J. Stelter, Aachen
Mikrobiologische Ultraschallwirkungen
1957, 106 Seiten, 41 Abb., 12 Tab., DM 23,90

HEFT 318
Dipl.-Ing. H. Kickert, Aachen
Über die Ausbreitung von Ultraschall in Luft
1957, 78 Seiten, 51 Abb., 7 Tab., DM 19,20

HEFT 319
Prof. Dr. C. Kröger, Aachen
Gemengereaktionen und Glasschmelze
1957, 118 Seiten, 53 Abb., 16 Tab., DM 26,—

HEFT 320
Dr. H.-E. Caspary, Köln
Verwendung von Szintillationszählern an Stelle von Zählrohren zur zerstörungsfreien Materialprüfung
1956, 42 Seiten, 13 Abb., 2 Tabellen, DM 10,10

HEFT 321
*Prof. Dr. F. Wever, Düsseldorf, und
Dr. W. Wepner, Köln*
Gleichzeitige Bestimmung kleiner Kohlenstoff- und Stickstoffgehalte im a-Eisen durch Dämpfungsmessung
1956, 30 Seiten, 3 Abb., 4 Tabellen, DM 6,80

HEFT 322
*Prof. Dr.-Ing. F. Bollenrath und
Dipl.-Ing. W. Domke, Aachen*
Eigenspannungen in vergüteten, dickwandigen Stahlzylindern nach Oberflächenhärtung mit induktiver Erwärmung
1956, 30 Seiten, 9 Abb., 2 Tabellen, DM 6,90

HEFT 323
Prof. Dr. R. Seyffert, Köln
Wege und Kosten der Distribution der Textilien, Schuh- und Lederwaren
1956, 98 Seiten, 37 Tabellen, 1 Falttaf., DM 12,—

HEFT 324
*Prof. Dr.-Ing. H. Opitz, Dr.-Ing. E. Saljé und
Dipl.-Ing. K. E. Schwartz, Aachen*
Richtwerte für das Außenrund-Längs- und Einstechschleifen
1956, 62 Seiten, 44 Abb., 2 Tabellen, DM 13,85

HEFT 325
Prof. Dr. E. Schratz, Münster
Pharmakognostische Untersuchungen am Medizinal-Rhabarber
1957, 62 Seiten, 29 Abb., 3 Tabellen, DM 17,90

HEFT 326
Prof. Dr.-Ing. E. Essers und Mitarbeiter, Aachen
Deichselkräfte an Lastzügen
in Vorbereitung

HEFT 327
*Prof. Dr.-Ing. habil. K. Krekeler und
Dr.-Ing. H. Peukert, Aachen*
Beitrag zur thermoelastischen Formbarkeit von Polyäthylen
1956, 56 Seiten, 49 Abb., 9 Tabellen, DM 12,80

HEFT 328
Dr. H. Maeder, Belo Horizonte
Schweißen von Temperguß
in Vorbereitung

HEFT 329
*Dipl.-Ing. A. Krüger, Karlsruhe, und Feuerwehr-Ing.
R. Radusch, Dortmund*
Wasserzerstäubung im Strahlrohr
1956, 86 Seiten, 21 Abb., 3 Tabellen, DM 18,65

HEFT 330
Dipl.-Physiker E. Pepping, Aachen
Die Durchflußzahl des Rechteckschlitzes in einer sehr großen Wand
1957, 54 Seiten, 21 Abb., DM 12,35

HEFT 331
Dipl.-Ing. G. Bretschneider, Ruit
Die Messung der wiederkehrenden Spannung mit Hilfe des Netzmodelles
1957, 46 Seiten, 21 Abb., 2 Tab., DM 11,20

HEFT 332
Prof. Dr.-Ing. R. Jaeckel und Dr. G. Reich, Bonn
Messung von Dampfdrucken im Gebiet unter 10^{-2} Torr
1956, 42 Seiten, 16 Abb., 2 Tabellen, DM 10,40

HEFT 333
*Prof. Dipl.-Ing. W. Sturtzel und
Dr.-Ing. W. Graff, Duisburg*
I. Der Flachwassereinfluß auf den Form- und Reibungswiderstand von Binnenschiffen
II. Der Flachwassereinfluß auf die Nachstrom- und Sogverhältnisse bei Binnenschiffen
1956, 44 Seiten, 14 Abb., DM 9,80

HEFT 334
Prof. Dr. W. Weizel und Dr. G. Meister, Bonn
Spektralanalyse durch Messung des Interferenz-Kontrastes
1956, 42 Seiten, DM 9,80

HEFT 335
Prof. Dr. W. Weizel und H. Hornberg, Bonn
Untersuchungen der anodischen Teile einer Glimmentladung
1957, 62 Seiten, 14 Farbabb., 21 Abb., 1 Tab., DM 32,80

HEFT 336
Dr. Tung-ping Yao, Aachen
Die Viskosität metallischer Schmelzen
1957, 64 Seiten, 28 Abb., 2 Tab., DM 14,40

HEFT 337
Dr. R. Hoeppener und Dr. W. Bierther, Bonn
Tektonik und Lagestätten im Rheinischen Schiefergebirge
1957, 66 Seiten, 14 Abb., DM 16,25

HEFT 338
*Prof. Dr.-Ing. W. Wegener, Aachen, und
Dipl.-Ing. J. Schneider, M.-Gladbach*
Die Bedeutung der Knotenart für die Herabminderung der Fadenbrüche
1957, 40 Seiten, 6 Abb., DM 11,90

HEFT 339
*Prof. Dr.-Ing. W. Wegener und
Dipl.-Ing. W. Zahn, Aachen*
Vergleich des normalen mit verschiedenen abgekürzten Baumwollspinnverfahren in bezug auf Gleichmäßigkeit und Sortierungsstreuung der Garne
1957, 56 Seiten, 17 Abb., 17 Tabellen, DM 12,70

HEFT 340
Dipl.-Ing. W. Rohs und Dipl.-Ing. R. Otto, Bielefeld
Das Naßspinnen von Bastfasergarnen mit Spinnbadzusätzen unter Ausnutzung einer zentralen Spinnwasserversorgungsanlage
1956, 56 Seiten, 2 Abb., 6 Tabellen, DM 11,60

HEFT 341
*Prof. Dr.-Ing. H. Winterhager und Dipl.-Ing. L. Werner,
Aachen*
Präzisions-Meßverfahren zur Bestimmung des elektrischen Leitvermögens geschmolzener Salze
1956, 44 Seiten, 19 Abb., 1 Tabelle, DM 10,60

HEFT 342
*Prof. Dr.-Ing. H. Winterhager und Dipl.-Ing. W. Barthel,
Aachen*
Die Gewinnung von Titanschlackenkonzentraten aus eisenreichen Ilmeniten
1957, 60 Seiten, 30 Abb., 6 Tab., DM 13,30

HEFT 343
*Prof. Dr.-Ing. W. Petersen, Aachen, und Dipl.-Ing.
S. Wawroschek, Aachen*
Die zweckmäßigsten Gütebestimmungsverfahren und Brikettierungsbedingungen bei der Erzeugung von Braunkohlen-Eisenerz-Briketts
1956, 64 Seiten, 28 Abb., DM 13,95

HEFT 344
Prof. Dr.-Ing. W. Fucks, Aachen
Zur Deutung einfachster mathematischer Sprachcharakteristiken
1956, 38 Seiten, 12 Abb., DM 7,80

HEFT 345
Dipl.-Ing. G. Cerbe und Dipl.-Ing. H. Monstadt, Essen
Konvektive Trocknung mit gasbeheizter Luft und Trocknung durch Gasstrahler
1957, 46 Seiten, 16 Abb., DM 10,40

HEFT 346
Dipl.-Ing. O. Arnold, Aachen
Erfahrungen mit Kernbohrungen zur Lagerstättenuntersuchung im Erzbergbau
1957, 36 Seiten, 2 Abb., 3 Falttaf. 6 Tab., DM 8,80

HEFT 347
S. Ruff, F. Kipp, H. Hansteen und G. Müller, Bonn
Untersuchungen zur Frage der Gehörschädigungen des fliegenden Personals der Propellerflugzeuge
1957, 50 Seiten, 27 Abb., 3 Tab., DM 11,10

HEFT 348
*Prof. Dr.-Ing. E. Piwowarsky
und Dr.-Ing. E. G. Nickel, Aachen*
Metallurgie eines hochwertigen Gußeisens mit kompakter bis kugelförmiger Graphitausbildung
1957, 54 Seiten, 27 Abb., 5 Tab., DM 13,30

HEFT 349
*Dr.-Ing. W. A. Fischer, Dr.-Ing. H. Treppschuh
und Dr.-Ing. K. H. Köthemann, Düsseldorf*
Tiegel aus Schmelzmagnesia für Vakuuminduktionsöfen
1957, 34 Seiten, 14 Abb. DM 8,40

HEFT 350
*Prof. Dr.-Ing. habil. K. Krekeler
und Dipl.-Ing. H. Peukert, Aachen*
Das Spannungsverhalten der Kunststoffe bei der Verarbeitung
in Vorbereitung

HEFT 351
*Prof. Dr.-Ing. H. Opitz, Dipl.-Ing. H. Axer und
Dipl.-Ing. H. Rhode, Aachen*
Zerspanbarkeit hochwarmfester und nichtrostender Stähle. Teil I
1957, 96 Seiten, 73 Abb., 2 Tab., DM 21,80

HEFT 352
Dipl.-Ing. H. Fauser, Aachen
Fahrdynamik und Batterie-Arbeitsverbrauch von Akkumulatorenlokomotiven im Untertagebetrieb
in Vorbereitung

HEFT 353
Forschungsinstitut für Rationalisierung, Aachen
Schlagwortregister zur Rationalisierung
1957, 376 S., DM

HEFT 354
Dipl.-Ing. D. Wagener, Aachen
Auswirkungen neuer Gaserzeugungs-Verfahren unter Berücksichtigung der Auswirkung auf den Kokereibetrieb
in Vorbereitung

HEFT 355
*Prof. Dr.-Ing. habil. K. Krekeler, Dr.-Ing. H. Peukert und
Dipl.-Ing. A. Kleine-Albers, Aachen*
Heißgas-Schweißungen von Weich-Polyvinylchlorid mit Zusatzwerkstoff
in Vorbereitung

HEFT 356
Dipl.-Phys. G. Gurke, Aachen
Aufbau einer Meßanlage für Untersuchungen elektrischer Gasentladung im Bereiche großer p. d.-Werte
1956, 38 Seiten, 13 Abb., DM 8,65

HEFT 357
Prof. Dr.-Ing. W. Fucks, Aachen
Mathematische Analyse der Formalstruktur von Musik
in Vorbereitung

HEFT 358
*Prof. Dr. rer. nat. W. Weltzien, Dipl.-Chem. P. Ringel
und Text.-Ing. H. Kirchhoff, Krefeld*
Die Waschechtheit von Färbungen. Vergleichende Untersuchungen auf dem Gebiete der Echtheitsprüfung
in Vorbereitung

HEFT 359
Dr.-Ing. F. J. Meister, Düsseldorf
Veränderung der Hörschärfe, Lautheitsempfindung und Sprachaufnahme während des Arbeitsprozesses bei Lärmarbeitern
1957, 84 Seiten, 11 Abb., 1 Tab., 40 Audiogramme, 40 Tab., DM 19,90

HEFT 360
Dr.-Ing. E. Barz, Remscheid
Fertigungsverfahren und Spannungsverlauf bei Kreissägeblättern für Holz
1957, 72 Seiten, 40 Abb., DM 17,—

HEFT 361
Dipl.-Ing. H. F. Klein, Aachen
Die nichtstationären Strömungsvorgänge und der Wärmeübergang in einem Schwingfeuergerät
1957, 84 Seiten, 34 Abb., 4 Falttafeln, DM 25,90

HEFT 362
*Prof. Dr. med. G. Lehmann und Dipl.-Phys.
D. Dieckmann, Dortmund*
Die Wirkung mechanischer Schwingungen (0,5 bis 100 Hertz) auf den Menschen
1957, 100 Seiten, 53 Abb., 6 Tab., DM 22,50

WESTDEUTSCHER VERLAG · KÖLN UND OPLADEN

HEFT 363
Dr.-Ing. U. Domm, Frankenthal (Pfalz)
Über eine Hypothese, die den Mechanismus der Turbulenz-Entstehung betrifft
1956, 28 Seiten, 4 Abb., DM 6,45

HEFT 364
Prof. Dr. Th. Beste, Köln
Die Mehrkosten bei der Herstellung ungängiger Erzeugnisse im Vergleich zur Herstellung vereinheitlichter Erzeugnisse
1957, 352 Seiten, DM 50,—

HEFT 365
Sozialforschungsstelle an der Universität Münster, Dortmund
Standort und Wohnort
1957, Textband: 350 Seiten, 28 Karten, 73 Tab.
Anlageband: 15 Karten, 21 Tab., DM 99,—

HEFT 366
Versuchsanstalt für Binnenschiffbau e. V., Duisburg
Bei Flachwasserfahrten durch die Strömungsverteilung am Boden und an den Seiten stattfindende Beeinflussung des Reibungswiderstandes von Schiffen
1957, 96 Seiten, 39 Abb., 28 Tab., DM 20,40

HEFT 367
Dr. rer. nat. D. Horstmann, Düsseldorf
Der Angriff eisengesättigter Zinkschmelzen auf kohlenstoff-, schwefel- und phosphorhaltiges Eisen
1957, 52 Seiten, 22 Abb., 6 Tab., DM 12,85

HEFT 368
Prof. Dr. phil. H. Kaiser, Dortmund
Entwicklung betriebsmäßiger spektrochemischer Analysenverfahren für technische Gläser
1957, 40 Seiten, 11 Abb., DM 9,10

HEFT 369
Prof. Dr.-Ing. R. Jaeckel und Dipl.-Phys. F. J. Schittko, Bonn
Gasabgabe von Werkstoffen ins Vakuum
1957, 48 Seiten, 20 Abb., 6 Tab., DM 13,30

HEFT 370
Dr. phil. habil. F. Schwarz, Köln
Physikochemische Grundlagen der Bildsamkeit von Kalken unter Einbeziehung des Begriffes der aktiven Oberfläche
in Vorbereitung

HEFT 371
Dr. phil. W. Lejeune, Köln
Beitrag zur statistischen Verifikation der Minderheiten-Theorie
in Vorbereitung

HEFT 372
Prof. Dr. phil. M. von Stackelberg, Bonn
Untersuchungen zur Ausarbeitung und Verbesserung von polarographischen Analysenmethoden. 2. Bericht
1957, 44 Seiten, 9 Abb., 7 Tab., DM 10,10

HEFT 373
Dipl.-Ing. H. J. Koch, Essen
Druckgasfeuerung — ein Verfahren zum Betrieb von Gasfeuerstätten
1957, 38 Seiten, 8 Abb., 10 Tab., DM 8,50

HEFT 374
Dr. E. Paproth, Krefeld
Paläontologische Bearbeitung der in den devonischen Schichten des Siegerlandes enthaltenen Faunen
1957, 38 Seiten, 3 Tab., DM 8,30

HEFT 375
Technischer Überwachungsverein e. V., Essen
Wanddickenmessungen mittels radioaktiver Strahlen und Zählrohrgerät
in Vorbereitung

HEFT 376
Technischer Überwachungsverein e. V., Essen
Wasserumlaufprobleme an Hochdruckkesseln
in Vorbereitung

HEFT 377
Technischer Überwachungsverein e. V., Essen
Versuche an Wanderrostkesseln mit befeuchteter Verbrennungsluft
in Vorbereitung

HEFT 378
Oberingenieur H. Stein, M.-Gladbach
Beobachtung und maßtechnische Erfassung der Vorgänge im Spinn- und Aufwindefeld von Ringspinn- und Ringzwirnmaschinen
in Vorbereitung

HEFT 379
Laboratorium für textile Meßtechnik, M.-Gladbach
Schußfadenspannung beim Weben
in Vorbereitung

HEFT 380
Dipl.-Phys. R. Trappenberg, Karlsruhe
Theoretische und experimentelle Untersuchungen zur Staubverteilung einer Rauchfahne
in Vorbereitung

HEFT 381
Dr. J. Juilfs, Krefeld
Zur Dichtebestimmung von Fasern. Methoden und Beispiele der praktischen Anwendung
in Vorbereitung

HEFT 382
Dr. phil. habil. P. Hölemann, Ing. R. Hasselmann und Ing. G. Dix, Dortmund
Die Messung von Flammen und Detonationsgeschwindigkeiten bei der explosiven Zersetzung von Acetylen in Rohren
1957, 36 Seiten, 7 Abb., 4 Tab., DM 8,10

HEFT 383
Dr. phil. habil. P. Hölemann und Ing. R. Hasselmann, Dortmund
Verlauf von Azetylenexplosionen in Rohren bei Gegenwart von porösen Massen
in Vorbereitung

HEFT 384
Prof. Dr.-Ing. H. Opitz, Aachen
Schwingungsuntersuchungen an Werkzeugmaschinen
in Vorbereitung

HEFT 385
Prof. Dr.-Ing. H. Opitz, Aachen
Zerspanbarkeit hochwarmfester und nichtrostender Stähle. Teil II
in Vorbereitung

HEFT 386
Prof. Dr.-Ing. H. Opitz, Aachen
Standzeituntersuchungen und Verschleißmessungen mit radioaktiven Isotopen
in Vorbereitung

HEFT 387
Prof. Dr. med. W. Kikuth und Dozent Dr. med. L. Grün, Düsseldorf
Die Verhütung von Infektion durch Desinfektion des Raumes und der Raumluft
in Vorbereitung

HEFT 388
Prof. Dr. rer. nat. habil. W. Baumeister und Dr. rer. nat. H. Burghardt, Münster
Die Bedeutung der Elemente Zink und Fluor für das Pflanzenwachstum
1957, 48 Seiten, 17 Tab. DM 10,20

HEFT 389
Prof. Dr.-Ing. habil. H. Fink und K. W. Hoppenhaus, Köln
Die biologische Eiweiß-Synthese von höheren und niederen Pilzen und die alimentäre Lebernekrose der Ratte
1957, 76 Seiten, 2 Abb., 24 Tab., DM 15,60

HEFT 390
Dr.-Ing. J. Endres und Dr.-Ing. G. Hiebel, München
Berechnung der optimalen Leistungen, Kraftstoffverbräuche und Wirkungsgrade von Luftfahrt-Gasturbinen-Triebwerken am Boden und in der Höhe bei Fluggeschwindigkeiten von 0—2000 km/h und bei vorgegebenen Düsenausströmgeschwindigkeiten
in Vorbereitung

HEFT 391
Prof. Dr. phil. F. Wever, Dr. phil. W. Koch und Dipl.-Chem. F. Stricker, Düsseldorf
Die quantitative spektrographische Analyse von Gasgemischen aus Kohlenmonoxyd, Wasserstoff und Stickstoff
in Vorbereitung

HEFT 392
Prof. Dr. phil. F. Wever u. a., Düsseldorf
Untersuchungen über den Konverterrauch im Hinblick auf die spektrale Überwachung des Thomasprozesses
in Vorbereitung

HEFT 393
Dr.-Ing. O. Viertel und S. Brückner-Lucas, Krefeld
Arbeitszeitstudien an Haushaltwaschmaschinen
in Vorbereitung

HEFT 394
Privatdozent Dr. med. W. Koch, Münster
Die Ablagerung radioaktiver Substanzen im Knochen
in Vorbereitung

HEFT 395
Dipl.-Ing. L. Hahn, Clausthal-Zellerfeld
Untersuchungen zur Frage des optimalen Bohrloch- und Patronendurchmessers
in Vorbereitung

HEFT 396
Prof. Dr.-Ing. F. Schultz-Grunow, Dr.-Ing. A. Jogerich, Essen, Dipl.-Ing. H. Meyer, cand. ing. P. Sand, Aachen
Untersuchungen des Luftwiderstandes von Güterwagen
in Vorbereitung

HEFT 397
Techn.-Wissenschaftliches Büro für die Bastfaserindustrie, Bielefeld
Ungleichmäßigkeiten in Bändern von Bastfaserkarden, ihre Ursachen und Auswirkungen
1957, 60 Seiten, 18 Abb., 1 Tab., DM 14,80

HEFT 398
Prof. Dr. habil. H. E. Schwiete, Aachen, u. a.
Einlagerungsversuche an synthetischen Mullit I. - Die Zusammensetzung der Schmelzphase in Schamottesteinen I
in Vorbereitung

HEFT 399
Prof. Dr. habil. H. E. Schwiete und Dr Ing. R. Vinkeloe, Aachen
Möglichkeiten der quantitativen Mineralanalyse mit dem Zählrohrgerät unter besonderer Berücksichtigung der Mineralgehaltsbestimmung von Tonen
in Vorbereitung

HEFT 400
Prof. Dr. phil. W. Fuchs und Dipl.-Chem. H. Weyerstrass, Aachen
Entwicklung eines Heißfilters zur Reinigung von Gichtgas eines mit Kohle betriebenen Niederschachtofens
in Vorbereitung

HEFT 401
Prof. Dr.-Ing. M. Lipp und Dipl.-Chem. G. Frielingsdorf, Aachen
Darstellung reaktionsfähiger Verbindungen des Camphansystems und Versuche zu deren Fluorierung
1957, 84 Seiten, DM 17,—

HEFT 402
Prof. Dr. W. Linke, Aachen
Die Wärmeübertragung durch Thermopane-Fenster
in Vorbereitung

HEFT 403
Prof. Dr.-Ing. P. Denzel und Dipl.-Ing. W. Cremer Aachen
Verbesserung der Benutzungsdauer der Höchstlast in ländlichen Netzen durch Anwendung elektrischer Geräte in der Landwirtschaft
in Vorbereitung

HEFT 404
Prof. Dr. R. Jaeckel und Dipl.-Phys. F. Gross, Bonn
Die Löslichkeit von Gasen in schwerflüchtigen organischen Flüssigkeiten
1957, 46 Seiten, 17 Abb., 1Tab., DM 11,50

HEFT 405
Prof. Dr.-Ing. H. Opitz und Dipl.-Ing. H. Schuler, Aachen
Untersuchungen für einen Wirtschaftlichkeitsvergleich der Feinbearbeitungsverfahren
in Vorbereitung

HEFT 406
W. Kirsch, Remscheid
Entwicklungsarbeiten auf dem Gebiete des Korrosionsschutzes
1957, 86 Seiten, 28 Abb., 11 Tabellen, DM 19,—

HEFT 407
Prof. Dr.-Ing. H. Schenk, Aachen, und Dr.-Ing. W. Wenzel, Bad Godesberg
Entwicklungsarbeiten auf dem Gebiete der Verhüttung von Erzstaub in Schmelzkammern
1957, 82 Seiten, 9 Abb., 18 Tabellen, DM 17,10

HEFT 408
Prof. Dr. phil. F. Wever, Dr.-Ing. W. Lueg und Dr.-Ing. H. G. Müller, Düsseldorf
Kraft- und Arbeitsbedarf beim Warmscheren von Stahl in Abhängigkeit von Temperatur und Schnittgeschwindigkeit
in Vorbereitung

WESTDEUTSCHER VERLAG · KÖLN UND OPLADEN

HEFT 409
Prof. Dr. phil. F. Wever, Dr. phil. W. Koch, Dr. rer. nat. Ch. Ilschner-Gensch und Dipl.-Phys. H. Rohde, Düsseldorf
Das Auftreten eines kubischen Nitrids in aluminiumlegierten Stählen
1957, 38 Seiten, 12 Abb., 3 Tabellen, DM 10,10

HEFT 410
Prof. Dr. phil. F. Wever, Prof. Dr. rer. techn. A. Kochendörfer, Dr. phil. nat. M. Hempel, Düsseldorf und Dipl.-Phys. E. Hillenhagen, Köln
Biegewechselversuche mit Flachproben aus Alpha-Eisen-Einkristallen zur Bestimmung der Wechselfestigkeit und der Gleitspuren
in Vorbereitung

HEFT 411
Prof. Dr. W. Halbsguth und Dr. L. Sommer, Frankfurt/M.
Grundlegende Versuche zur Keimungsphysiologie von Pilzsporen
in Vorbereitung

HEFT 412
Prof. Dr.-Ing. H. Opitz, Aachen
Kennwerte und Leistungsbedarf für Werkzeugmaschinengetriebe
in Vorbereitung

HEFT 413
Prof. Dr.-Ing. H. Opitz, Aachen
Richtwerte für das Fräsen von unlegierten und legierten Baustählen mit Hartmetall, Teil II
in Vorbereitung

HEFT 414
Dr. med. H. K. Parchwitz und Dr. med. C. Winkler, Bonn
Speicherung organischer Farbstoffe und künstlich radioaktiver Substanzen in Geschwülsten
in Vorbereitung

HEFT 415
Prof. Dr.-Ing. W. Paul, Dr. rer. nat. O. Osberghaus und Dipl.-Phys. E. Fischer, Bonn
Ein Ionenkäfig
in Vorbereitung

HEFT 416
Oberreg.-Gewerberat Dipl.-Ing. G. Steinicke, Hamburg
Die Wirkung von Lärm auf den Schlaf des Menschen
1957, 46 Seiten, 14 Abb., 8 Tab., DM 11,60

HEFT 417
Prof. Dr.-Ing. habil. E. Rößger, Berlin
I. Teil: Die Entwicklung des Weltluftverkehrs, Ergänzungsbericht 1954
II. Teil: Die zivile Luftfahrtpolitik der USA
1957, 230 Seiten, 6 Abb., 83 Tab., DM 48,—

HEFT 418
O. Gdaniec, Mülheim/Ruhr
Über die Randlochkarte als Hilfsmittel in der Dokumentation
1957, 44 Seiten, 15 Abb., 8 Tab., DM 10,10

HEFT 419
K. Brooks
Die Messungen der Reflexionseigenschaften künstlicher und natürlicher Materialien mit quasi-optischen Methoden bei Mikrowellen
in Vorbereitung

HEFT 420
M. Vogel
Das Spektralgebiet zwischen dem langwelligen Ultrarot und Mikrowellen
1957, 66 Seiten, 2 Abb., DM 13,50

HEFT 421
ORR Dipl.-Volkswirt Dr. H. Rogmann, Düsseldorf
Die Erforschung der Verkehrskonjunktur und der langzeitigen Dynamik in der Verkehrswirtschaft (Zusammenfassung der eingegangenen Stellungnahmen und Vorschläge)
1957, 168 Seiten, 3 Tab., DM 26,60

HEFT 422
Prof. Dr.-Ing. K. Leist und Dipl.-Ing. W. Dettmering, Aachen
Prüfstände zur Messung der Druckverteilung an rotierenden Schaufeln
in Vorbereitung

HEFT 423
Prof. Dr.-Ing. K. Leist und Dr.-Ing. O. Thun, Aachen
Strömungsmessungen über Brennkammer-Wirkungsgrade
in Vorbereitung

HEFT 424
Prof. Dr.-Ing. K. Leist und Dipl.-Ing. I. Weber, Aachen
Spannungsoptische Untersuchungen von rotierenden Scheiben mit exzentrischen Bohrungen
in Vorbereitung

HEFT 425
Dipl.-Ing. H. Lübke, Hamburg
Gasturbinen und Strahlantriebe für Hubschrauber
in Vorbereitung

HEFT 426
Prof. Dr.-Ing. H. Opitz und Dipl.-Ing. W. Scholz, Aachen
Untersuchungen über den Räumvorgang
1957, 74 Seiten, 36 Abb., 7 Tab., DM 16,55

HEFT 427
Dr.-Ing. J. Endres, München
Kinematische Untersuchung eines Zweitakt-Hochleistungs-Dieseltriebwerks mit achsparallelen Zylindern und gegenläufigen Kolben
in Vorbereitung

HEFT 428
Dr.-Ing. J. Endres, München
Untersuchungen der Beschleunigungsverhältnisse eines Zweitakt-Hochleistungs-Dieseltriebwerks mit achsparallelen Zylindern und gegenläufigen Kolben
in Vorbereitung

HEFT 429
Prof. Dr. O. Kuhn, Köln
Selektive Wirkung verschiedener Stoffgruppen auf tierische Gewebe
1957, 54 Seiten, 32 Abb., DM 13,15

HEFT 430
Prof. Dr. G. Garbotz, Aachen und Dr.-Ing. G. Dress, Cadiz
Untersuchungen über das Kräftespiel an Flachbagger-Schneidwerkzeugen in Mittelsand und schwach bindigem, sandigem Schluff unter besonderer Berücksichtigung der Planierschilde und ebenen Schürfkübelschneiden
in Vorbereitung

HEFT 431
Prof. Dr.-Ing. H. Winterhager, Dr.-Ing. R. Kammel und Dipl.-Ing. W. Barthel, Aachen
Fortschritte auf dem Gebiet der Titanmetallurgie 1950—1955
in Vorbereitung

HEFT 432
Dipl.-Phys. R. Werz, Bonn
Die Entwicklung einer Synchrozyklotron-Ionenquelle
in Vorbereitung

HEFT 433
Dr.-Ing. G. Satlow, Aachen
Über einige physikalische und chemische Eigenschaften der Wolle von der gewaschenen Wolle bis zum Kammzug
1957, 72 Seiten, 15 Abb., 19 Tab., DM 15,25

HEFT 434
Dipl.-Ing. W. Rohs und Dr. J. Geurten, Bielefeld
Schlichten für Baumwollgarne
in Vorbereitung

HEFT 435
Dipl.-Ing. W. Rohs und Dipl.-Ing. L. Steinmetz, Bielefeld
Die Masseungleichmäßigkeit von Flachstreckenbändern in Abhängigkeit von Verzug und Dopplung
in Vorbereitung

HEFT 436
Priv.-Doz. Dr. habil. J. Juilfs, Krefeld
Zur Bestimmung der Reißlast (Zugfestigkeit) von Fasern, Fäden und Garnen
in Vorbereitung

HEFT 437
Prof. Dr. G. Schmölders und Dr. I. Meyer, Köln
Geldwertbewußtsein und Münzpolitik. — Das sogenannte Gresham'sche Gesetz im Lichte der ökonomischen Verhaltensforschung
1957, 92 Seiten, DM 20,30

HEFT 438
Prof. Dr.-Ing. H. Winterhager und Dr.-Ing. L. Werner, Aachen
Bestimmung des elektrischen Leitvermögens geschmolzener Fluoride
1957, 52 Seiten, 18 Abb., 10 Tab., DM 11,90

HEFT 439
Prof. Dr. phil. H. Lange, Köln und Dr. rer. nat. R. Kohlhaas, Neuß/Rh.
Anwendung der thermomagnetischen Analyse zum Studium des Umwandlungsverhaltens von Eisenwerkstoffen im Temperaturbereich von —150° C bis +150°C
in Vorbereitung

HEFT 440
Dr.-Ing. H. Wolf, Aachen
Gekoppelte Hochfrequenzleitungen als Richtkoppler
in Vorbereitung

HEFT 441
Dr. phil. habil. P. Hölemann und Ing. R. Hasselmann, Düsseldorf
Messung des Temperatur- und Druckverlaufes beim Füllen und Entspannen von Dissousgas
1957, 52 Seiten, 6 Abb., 7 Tab., DM 11,25

HEFT 442
Dipl.-Ing. W. Rohs, Text.-Ing. Griese und Text.-Ing. W. Lauer, Bielefeld
Die Auswirkungen der Trocknungsart naßgesponnener Leinengarne auf deren Verarbeitungswirkungsgrad sowie auf die Festigkeits- und Dehnungseigenschaften der Garne und Gewebe
1957, 28 Seiten, 2 Abb., 3 Tab., DM 6,50

HEFT 443
Prof. Dr. phil. W. Weizel und K. Kluth, Bonn
Über die Struktur der positiven Gleitentladungen
in Vorbereitung

HEFT 444
Dr.-Ing. W. Wilhelm, Aachen
Einfluß der Saugrohrabmessung, der Einlaßsteuerlage und der Größe des Kurbelkastenvolumens auf den Ladungswechsel eines Einzylinder-Zweitakt-Dieselmotors
in Vorbereitung

HEFT 445
Dr.-Ing. E. Barz, Remscheid
Fertigungs- und Prüfverfahren für Feilen
vergriffen

HEFT 446
Dr. med. G. Schäfer
Glutationsstoffwechsel und Sauerstoffmangel
1957, 28 Seiten, 5 Tab., DM 6,40

HEFT 447
Prof. Dr.-Ing. F. Bollenrath, Aachen, Dr.-Ing. H. Füllenbach, Seesen/Harz und Dipl.-Ing. J. Schumacher, Neubeckum/Westf.
Entwicklung rationell arbeitender Spritzkabinen
in Vorbereitung

HEFT 448
Dr. med. C. Winkler, Bonn
Ein Koinzidenz-Szintillometer zum Zwecke der Schilddrüsenfunktionsdiagnostik und der Tumordiagnostik
in Vorbereitung

HEFT 449
Priv.-Doz. Oberbaurat Dr.-Ing. W. Meyer zur Capellen und Mitarbeiter, Aachen
Bewegungsverhältnisse an der geschränkten Schubkurbel
in Vorbereitung

HEFT 450
Prof. Dr.-Ing. W. Paul, Bonn und Dipl.-Phys. H. P. Reinhard, M.-Gladbach
Das elektrische Massenfilter als Isotopentrenner
in Vorbereitung

HEFT 451
Prof. Dr. G. Schmölders, Köln
Rationalisierung und Steuersystem
in Vorbereitung

HEFT 452
Prof. Dr. rer. nat. W. Weltzien und Dr. phil. K. Windeck, Krefeld
Veränderungen an Fasern bei der Bleiche mit Natriumchlorid und über einige Vergilbungserscheinungen
in Vorbereitung

HEFT 453
Forschungsinstitut der Feuerfest-Industrie, Bonn
Die Arbeiten der technisch-wissenschaftlichen Kommission der PRE (Vereinigung der europäischen Feuerfest-Industrie)
in Vorbereitung

HEFT 454
Dr.-Ing. W. Piepenburg, Dipl.-Ing. B. Bühling und Bauing. J. Behnke, Köln
Haftfestigkeit der Putzmörtel
in Vorbereitung

WESTDEUTSCHER VERLAG · KÖLN UND OPLADEN

HEFT 455
Dr.-Ing. W. A. Fischer, Dr.-Ing. H. Treppschuh und Dipl.-Phys. K. H. Köthemann, Düsseldorf
Erschmelzung von Reinsteisen nach dem Kohlenstoffproduktionsverfahren und Kerbschlagzähigkeit-Temperatur-Kurven dieses Eisens
in Vorbereitung

HEFT 456
Priv.-Doz. Dir. Dr.-Ing. K. Bungardt, Essen
Zeitstandversuche an austenitischen Stählen und Legierungen
in Vorbereitung

HEFT 457
Prof. Dr. phil. F. Wever, Düsseldorf und Dr. phil. W. Wepner, Köln
Dämpfungsmessungen an schwach gereckten Eisen-Kohlenstoff-Legierungen
1957, 34 Seiten, 7 Abb., 3 Tab., DM 8,40

HEFT 458
Prof. Dr.-Ing. H. Schenck und Dr.-Ing. E. Schmidtmann, Aachen
Das Frischen von Thomas-Roheisen mit Sauerstoff-Wasserdampf-Gemischen und die Eigenschaften der damit erblasenen Stähle
in Vorbereitung

HEFT 459
Prof. Dr. phil. F. Wever, Dr. phil. O. Krisement und Hanna Schädler, Düsseldorf
Ein isothermes Mikrokalorimeter zur kinetischen Messung von Umwandlungs- und Ausscheidungsvorgängen in Legierungen
in Vorbereitung

HEFT 460
Prof. Dr. phil. F. Wever und Dr. rer. nat. B. Ilschner, Düsseldorf
Ein isothermes Lösungskalorimeter zur Bestimmung thermo-dynamischer Zustandsgrößen von Legierungen
in Vorbereitung

HEFT 461
Prof. Dr.-Ing. habil. E. Piwowarski †, Prof. Dr.-Ing. W. Patterson und Dipl.-Ing. F. W. Iske, Aachen
Verbesserung der Zähigkeitseigenschaften von Bessemer-Stahlguß
in Vorbereitung

HEFT 462
Prof. Dr. rer. nat. J. Weissinger
Zur Aerodynamik des Ringflügels — II. Die Ruderwirkung
Zur Aerodynamik des Ringflügels — III. Der Einfluß der Profildicken
in Vorbereitung

HEFT 463
Dipl.-Ing. G. Plüss, Essen-Steele
Die Aufteilung der verbrennlichen Bestandteile in Verbrennungsgasen auf CO und H_2 bei Verbrennung mit Luftunterschuß und bei Luftüberschuß und künstlicher Flammenkühlung
in Vorbereitung

HEFT 464
Dr. phil. habil. P. Hölemann und Ing. R. Hasselmann, Dortmund
Die Möglichkeit der Zündung von Acetylen in Rohrleitungen beim Ausbleiben mit Stickstoff
in Vorbereitung

HEFT 465
Dr.-Ing. R. Koch, Köln
Amerikanische Fertigungsunterlagen und ihre Werkstattreifmachung für deutsche Betriebe
in Vorbereitung

HEFT 466
Prof. Dr.-Ing. J. Mathieu, Aachen
Überbetrieblicher Verfahrensvergleich
in Vorbereitung

HEFT 467
Prof. Dr. Dr. h. c. E. Klenk und Dr. phil. H. Faillard, Köln
Neue Erkenntnisse über den Mechanismus der Zellinfektion durch Influenzavirus
Die Bedeutung der Neuraminsäure als Zellreceptor für das Influenzavirus
in Vorbereitung

HEFT 468
Prof. Dr. med. Dr. med. dent. G. Korkhaus und Dr. med. R. Alfter, Bonn
Die Vakuumwurzelbehandlung

HEFT 469
Dr. sc. agr. F. Riemann und Dipl.-Volksw. R. Hengstenberg, Göttingen
Zur Industrialisierung kleinbäuerlicher Räume
1957, 130 Seiten, 5 Karten, 23 Tab., DM 27,—

HEFT 470
O. Wehrmann
Hitzdrahtmessungen in einer aufgespaltenen Kármánschen Wirbelstraße
1957, 42 Seiten, 14 Abb., 4 Tab., DM 10,90

HEFT 471
Prof. Dr. phil. habil. A. Naumann, Dr.-Ing. A. Heyser und Dr. phil. Dipl.-Ing. W. Trommsdorf, Aachen
Der Überdruck-Windkanal in Aachen
in Vorbereitung

HEFT 472
Dipl.-Ing. A. Freitag, Essen-Steele
Verhalten von Katalytstrahlern bei Betrieb mit Luftvormischung zum Gas und der Verbrennung von Luft gegen eine Gasatmosphäre
in Vorbereitung

HEFT 473
Prof. Dr. phil. F. Wever, Dr.-Ing. W. Lueg und Dipl.-Ing. P. Funke jr. Düsseldorf
Versuche an einer hydraulischen 25 t-Stangenziehbank
in Vorbereitung

HEFT 474
Dr.-Ing. R. Ibing und Dipl.-Ing. G. Meier, Hannover
Eichung und Entwicklung von Staubentnahmesonden
in Vorbereitung

HEFT 475
Prof. Dipl.-Ing. W. Sturtzel, Obering. Helm und Dipl.-Ing. Heuser, Duisburg
Systematische Ruderversuche mit einem Schleppkahn und einem Binnenselbstfahrer vom Typ „Gustav Koenigs"
in Vorbereitung

HEFT 476
Prof. Dipl.-Ing. W. Sturtzel und Dipl.-Ing. Schmidt-Stiebitz, Duisburg
Einfluß der Hinterschiffsform auf das Manövrieren von Schiffen auf flachem Wasser
in Vorbereitung

HEFT 477
Dr. K. Utermann, Dortmund
Freizeitprobleme bei der männlichen Jugend einer Zechengemeinde
in Vorbereitung

HEFT 478
Prof. Dr.-Ing. habil. W. Petersen und Dr.-Ing. S. Wawroschek, Aachen
Brikettierungsversuche zur Erzeugung von Möllerbriketts unter Verwendung von Braunkohle
in Vorbereitung

HEFT 479
Prof. Dr.-Ing. W. Wegener, Aachen und Dipl.-Ing. H. Fourné, Bochum
Ursachen des Überschreitens der Toleranzgrenze nach oben oder unten (Meter pro Gramm) an der Strecke
in Vorbereitung

HEFT 480
Dr. phil. K. Brücker-Steinkuhl, Düsseldorf
Anwendung mathematisch-statistischer Verfahren bei der Fabrikationsüberwachung
in Vorbereitung

HEFT 481
Oberbaurat Dr.-Ing. W. Meyer zur Capellen, Aachen
Fünf- und sechspunktige Geradführung in Sonderlagen des ebenen Gelenkvierecks
in Vorbereitung

HEFT 482
Dipl.-Ing. R. Pels-Leusden und Dr. K. Bergmann, Essen
Die Frostbeständigkeit von Ziegeln; Einflüsse der Materialzusammensetzung und des Brandes
in Vorbereitung

HEFT 483
Prof. Dr.-Ing. habil. F. A. F. Schmidt, Aachen
Gemischbildungs-, Selbstzündungs- und Verbrennungsvorgänge als Grundlage für Entwicklungsarbeiten an Gasturbinenbrennkammern
in Vorbereitung

HEFT 484
Prof. Dr. habil H. E. Schwiete und Dr. G. Schwiete, Aachen
Beitrag zur Struktur des Montmorillonit
in Vorbereitung

HEFT 485
Prof. Dr. phil. E. Jenckel, Aachen, Dr. H. Wilsing, Dormagen, Dr. H. Dörffurt, Wesseling/Bez. Köln und Dipl.-Phys. H. Rinkens, Eschweiler
Kristallisation und Hochpolymeren
in Vorbereitung

HEFT 486
Doz. Dr. med. E. Lerche und Dr. med. J. Schulze, Aachen
Hörermüdung und Adaptation im Tierexperiment
in Vorbereitung

HEFT 487
Prof. Dipl.-Ing. W. Blume, Duisburg
Festigkeitseigenschaften kombinierter Leichtbaustoffe im Hinblick auf die Verkehrstechnik, insbesondere des Flugzeugbaus
in Vorbereitung

HEFT 488
Prof. Dr. habil. H. E. Schwiete und Dipl.-Chem. H. Westmark
Beitrag zur Kennzeichnung der Texturen von Schamottesteinen
in Vorbereitung

HEFT 489
Dipl.-Math. K. H. Müller
Strenge Lösungen der Navier-Stokes-Gleichung für rotationssymmetrische Strömungen
in Vorbereitung

HEFT 490
Hauptstelle für Staub- und Silikosebekämpfung des Steinkohlenbergbauvereins, Essen-Rüttenscheid
Zur Staub- und Silikosebekämpfung im Steinkohlenbergbau
in Vorbereitung

HEFT 491
Prof. Dr. Fr. Lotze und K. Kötter, Münster
Chloridgehalte des oberen Emsgebietes und ihre Beziehungen zur Hydrogeologie
in Vorbereitung

HEFT 492
Prof.-Dr. phil. J. Meixner und B. Manz, Aachen
Zur Theorie der irreversiblen Prozesse in α-Eisen
in Vorbereitung

HEFT 493
Prof. Dr. phil. habil. A. Naumann und Dipl.-Ing. H. Pfeiffer, Aachen
Versuche an Wirbelstraßen hinter Zylindern bei hohen Geschwindigkeiten
in Vorbereitung

HEFT 494
Dipl.-Ing. W. Robs und Text.-Ing. Griese, Bielefeld
Entwicklung und Erprobung eines verbesserten elektrischen Kettfadenwächtergeschirrs für die Leinen- und Halbleinenweberei
in Vorbereitung

HEFT 495
Prof. Dr. phil. E. Asmus und Dr. rer. nat. H.-F. Kurandt, Berlin
Einige analytische Anwendungen der Zincke-Königschen Reaktion
in Vorbereitung

HEFT 496
Dipl.-Chem. P. Vogel, Krefeld
Färberische Eigenschaften von zur Herstellung von Verdickungen in der Stoffdruckerei bestimmten Sorten
in Vorbereitung

HEFT 497
Oberarzt Dr. med. G. Mußgnug, Bottrop
Die Knochenveränderungen und der Knochenstoffwechsel beim Sudeck-Syndrom
in Vorbereitung

HEFT 498
Prof. Dr.-Ing. H. Zahn und Dr. rer. nat. W. Gerstner, Aachen
Herstellung säurefester technischer Gewebe
in Vorbereitung

HEFT 499
Priv.-Doz. Dr. J. Juilfs, Krefeld
Die Bestimmung des Wasserrückhaltevermögens (bzw. des Quellwertes) von Fasern
in Vorbereitung

WESTDEUTSCHER VERLAG · KÖLN UND OPLADEN

HEFT 500
Priv.-Doz. Dr. J. Juilfs, Krefeld
Vergleichende Untersuchungen am Schopper-Scheuerprüfgerät
in Vorbereitung

HEFT 501
Dipl.-Ing. W. Rohs und Dr. J. Geurten, Bielefeld
Untersuchungen in der Leinengarnbleiche
in Vorbereitung

HEFT 502
Prof. Dr. M. Diem und Dr. R. Trappenberg, Karlsruhe
Berechnung der Ausbreitung von Staub und Gas
1957, 30 Seiten, Anhang 67 Diagramme, DM 37,30

HEFT 503
Prof. Dr. W. Weizel und Dr. rer. nat. J. Faßbender, Bonn
Untersuchungen über die Eigenschaften von Cadmiumsulfid-Sandwich-Zellen
in Vorbereitung

HEFT 504
Prof. Dr. phil. F. Wever, Dr. phil. W. Wink und Dr. rer. nat. W. Jellinghaus, Düsseldorf
Versuchsanordnung zur Messung der Suszeptibilität paramagnetischer Stoffe und Meßergebnisse an Nickel-Chrom- und Kobalt-Nickel-Chrom-Werkstoffen
in Vorbereitung

HEFT 505
Prof. Dr.-Ing. F. A. F. Schmidt und Dipl.-Ing. H. Heitland, Aachen
Einfluß des Selbstzündungsverhaltens der Kraftstoffe auf den Verbrennungsablauf, Wirkungsgrad und Druckverlust von Hochleistungsbrennkammern
in Vorbereitung

HEFT 506
Prof. Dr.-Ing. W. Meyer zur Capellen, Aachen
Der Flächeninhalt von Koppelkurven. — Ein Beitrag zu ihrem Formenwandel
in Vorbereitung

HEFT 507
Prof. Dr. H. Kaiser, Dr. G. Bergmann und Dr. G. Gresze, Dortmund
Kartei zur Dokumentation in der Molekülspektroskopie
in Vorbereitung

HEFT 508
Dr. H. Schmidt-Ries, Krefeld
Limnologische Untersuchungen des Rheinstromes I (Hydrobiologische und physiographische Untersuchungen
in Vorbereitung

HEFT 509
Dr. Schmidt-Ries, Krefeld
Limnologische Untersuchungen des Rheinstromes I (Tabellenwerk)
in Vorbereitung

HEFT 510
Prof. Dr. rer. nat. W. Groth und Dr.-Ing. K. Bayerle, Bonn
Anreicherung der Uranisotope nach dem Gaszentrifugenverfahren
in Vorbereitung

HEFT 511
H. Wahl, G. Kantenwein und W. Schäfer, Essen
Gesteinsbohr-Modellversuche zur Frage des Drehbohrens, Schlagbohrens und Drehschlagbohrens
in Vorbereitung

HEFT 512
Prof. Dr. H. Strassl, Bonn
Azimut-Monogramme für alle Stundenwinkel und Deklinationen im Bereich der geographischen Breiten von —80° bis +80°
in Vorbereitung

HEFT 513
Prof. Dr. W. Schmitz und Dr. rer. F. Schmitt, Mülheim/Ruhr
Die Verwendung des Magnetbandgerätes zur Speicherung des Kurvenverlaufs elektrischer Ströme
in Vorbereitung

HEFT 514
Dr. rer. nat. M.-E. Meffert, Essen
Die Kultur von Scenedesmus obliquus in Abwasser
in Vorbereitung

HEFT 515
Prof. Dr. habil. H. E. Schwiete und Dr.-Ing. Chr. Hummel, Aachen
Thermochemische Untersuchungen im System SiO_2 und Na_2O—SiO_2
in Vorbereitung

HEFT 516
Prof. Dr.-Ing. H. Müller, Dipl.-Ing. F. Reinke und Dipl.-Ing. W. Sorgenicht, Essen
Gesamtstrahlungsmessungen der Temperaturstrahlung
in Vorbereitung

HEFT 517
Prof. Dr. med. G. Lehmann und Dr. med. J. Meyer-Delius, Dortmund
Gefäßreaktionen der Körperperipherie bei Schalleinwirkung
in Vorbereitung

HEFT 518
Dr.-Ing. H. Scheffler, Dortmund
Funktionelle Zusammenhänge der dynamischen Einflußgrößen beim handgeführten Druckluft-Abbauhammer und ihre Berücksichtigung für die Konstruktion rückstoßarmer Hämmer
in Vorbereitung

HEFT 519
Prof. Dr. phil. F. Wever, Dr. phil. W. Koch und Dr. phil. S. Eckhard, Düsseldorf
Die spektrographische Bestimmung der Spurenelemente in Stahl ohne vorherige Abbrennung
in Vorbereitung

HEFT 520
Prof. Dr.-Ing. H. Opitz, Dipl.-Ing. H. Obrig und Dipl.-Ing. P. Kips, Aachen
Untersuchung neuartiger elektrischer Bearbeitungsverfahren
in Vorbereitung

HEFT 521
Prof. Dr.-Ing. H. Opitz und Dipl.-Ing. K. E. Schwartz, Aachen
Das Abrichten von Schleifscheiben mit Diamanten
in Vorbereitung

HEFT 522
J. Lorentz und K. Brocks
Elektrische Meßverfahren in der Geodäsie
in Vorbereitung

HEFT 523
K. Eberts
Entwicklungen einiger Meßverfahren und einer Frequenz- und amplitudenstabilisierten Meßeinrichtung zur gleichzeitigen Bestimmung der komplexen Dielektrizitäts- und Permeabilitätskonstante von festen und flüssigen Materialien im rechteckigen Hohlleiter und im freien Raum bei Frequenzen von 9200 und 33 000 MHz
in Vorbereitung

HEFT 524
Dr. rer. nat. S. Lockau, Emlichheim
Versuche zur Gewinnung von Kartoffeleiweiß
in Vorbereitung

HEFT 525
Prof. Dr. Dr. h.c. H. P. Kaufmann und Dr. F. Weghorst, Münster
Beiträge zur Chemie und Technologie der Fetthärtung I

HEFT 526
Dr. habil. P. Hölemann und Ing. R. Hasselmann, Dortmund
Einfluß der Oberflächenbeschaffenheit der Wandung auf den Ablauf von Azetylenexplosionen
in Vorbereitung

HEFT 527
Dr. rer. nat. K. G. Müller, Hanau/W.
Wärmeübertragung auf eine Flugstaubströmung im senkrechten Rohr sowie auf eine durchströmte Schüttgutschicht
in Vorbereitung

HEFT 528
Dr. P. Ney und Dr. F. Schwarz, Köln
Physikochemische Grundlagen der Bildsamkeit von Kalken unter Einbeziehung des Begriffs der aktiven Oberfläche
Kristallchemische Betrachtung der Bildsamkeit
in Vorbereitung

HEFT 529
Dr. phil. G. Riedel, Dortmund
Messung und Regelung des Klimazustandes durch eine die Erträglichkeit für den Menschen anzeigende Klimasonde
in Vorbereitung

HEFT 530
Prof. Dr. med. O. Graf, Dortmund
Nervöse Belastung im Betrieb — I. Teil: Nachtarbeit und nervöse Belastung
in Vorbereitung

HEFT 531
Prof. Dr.-Ing. habil. K. Krekeler, Dipl.-Ing. H. Verhoeven und Dipl.-Ing. H. Ernenputsch, Aachen
Autogenes Entspannen bei niedrigen Temperaturen
in Vorbereitung

HEFT 532
Prof. Dr.-Ing. habil. K. Krekeler, Dipl.-Ing. H. Verhoeven und Dipl.-Ing. W. Krieweth, Aachen
Schutzgasschweißen mit kontinuierlich abschmelzender Elektrode von niedriglegierten Kohlenstoffstählen (Sigma-Schweißen)
in Vorbereitung

WESTDEUTSCHER VERLAG · KÖLN UND OPLADEN

If you have any concerns about our products,
you can contact us on
ProductSafety@springernature.com

In case Publisher is established outside the EU,
the EU authorized representative is:
**Springer Nature Customer Service Center GmbH
Europaplatz 3, 69115 Heidelberg, Germany**

Printed by Libri Plureos GmbH
in Hamburg, Germany